虚拟现实技术与动画专业应用系列丛书

Processing
创意编程入门：
从编程原理到项目案例

计雨含 编著

清华大学出版社
北京

内 容 简 介

本书以 Processing 作为创作工具，通过每章的理论讲解与代码案例，帮助读者夯实编程基础，逐步掌握创意编程的技能，激发艺术创作灵感，适合编程初学者和艺术创作者。全书共分为 10 章，循序渐进地引导读者学习编程。第 1 章介绍绘图基础，涵盖基本图形、颜色使用及 Processing 工作流程。第 2 章讲解编程基础，包括变量、条件语句、循环使用等核心概念，并通过循环生成风格化图片的案例帮助读者巩固知识。第 3 章涉及数组的定义与应用，提升读者对数据结构的理解。第 4 章详细介绍了函数的定义及应用。第 5 章探讨类与面向对象编程，结合 PImage 类应用于实际项目。第 6 章专注于三角函数的基础知识及其在生成艺术中的实际应用。第 7 章深入介绍噪声的定义和应用，结合 PVector 类生成艺术效果。第 8 章涉及音乐可视化，通过 Minim 库进行音乐的编程表现。第 9 章讲解视频和交互设计，读者可通过摄像头和视频文件与作品互动。第 10 章讲述字符串的基本知识与应用。

本书面向编程初学者、艺术创作者以及对创意编程感兴趣的人士，特别适合那些希望通过编程工具实现生成艺术或艺术交互设计的读者。

版权所有，侵权必究。举报：010-62782989，beiqinquan@tup.tsinghua.edu.cn。

图书在版编目（CIP）数据

Processing 创意编程入门：从编程原理到项目案例/计雨含编著. -- 北京：清华大学出版社，2025.5.（虚拟现实技术与动画专业应用系列丛书）. -- ISBN 978-7-302-69297-3

Ⅰ. TP311.1

中国国家版本馆 CIP 数据核字第 20255HP881 号

责任编辑：陈景辉　薛　阳
封面设计：刘　键
责任校对：李建庄
责任印制：刘海龙

出版发行：清华大学出版社
网　　址：https://www.tup.com.cn，https://www.wqxuetang.com
地　　址：北京清华大学学研大厦 A 座　　邮　编：100084
社 总 机：010-83470000　　邮　购：010-62786544
投稿与读者服务：010-62776969，c-service@tup.tsinghua.edu.cn
质量反馈：010-62772015，zhiliang@tup.tsinghua.edu.cn
课件下载：https://www.tup.com.cn，010-83470236

印 装 者：天津鑫丰华印务有限公司
经　　销：全国新华书店
开　　本：185mm×260mm　　印　张：8　　字　数：196 千字
版　　次：2025 年 6 月第 1 版　　印　次：2025 年 6 月第 1 次印刷
印　　数：1～1500
定　　价：49.90 元

产品编号：110534-01

前 言
PREFACE

在当今的数字时代,编程不再是技术人员的专属技能,它已经成为各个领域创新创作的强大工具,尤其是在艺术创作领域。Processing 作为一种专为视觉艺术创作设计的编程语言,简洁直观,能帮助初学者轻松上手,从而实现丰富多样的创意表达。尽管如此,许多现有的 Processing 书籍常常没有深入讲解编程背后的理论,或者在代码分析时缺乏足够的细节,令初学者难以理解其中的逻辑。本书正是为了解决这些问题,提供了全面、详细的编程理论与项目实践指导,帮助读者顺利跨越编程学习的障碍,快速掌握 Processing 的应用技巧,并通过编程激发艺术创作的灵感。

本书主要内容

本书内容涵盖了从编程基础到高级应用的各个方面,逐步引导读者掌握 Processing 的精髓。全书共分为 10 章。

第 1 章　绘图基础。从最基础的几何图形开始,讲解如何在 Processing 中绘制基本图形、定义颜色,并逐步介绍 Processing 的工作流程,为后续的编程打下基础。

第 2 章　编程基础。深入介绍变量、条件语句、循环等核心编程概念,帮助读者掌握控制流程的技巧,并通过循环生成风格化图片的实际案例将理论与实践结合。

第 3 章　数组。讲解数组的定义及其应用,帮助读者理解和操作复杂的数据结构,便于处理大量数据。

第 4 章　函数。详细介绍无返回值函数和有返回值函数的定义与应用,通过实践案例使读者理解函数的意义及其在编程中的重要性。

第 5 章　类与面向对象编程。讲解面向对象编程的基本概念,帮助读者学会如何定义类和使用类,以 PImage 类为例,探索其在图像处理中的应用。

第 6 章　三角函数。从基础的数学知识出发,逐步引导读者使用三角函数在 Processing 中实现复杂的几何图形和动画效果。

第 7 章　噪声。介绍一维和二维噪声的定义及其在生成艺术中的应用,结合 PVector 类的使用,帮助读者实现丰富的视觉效果。

第 8 章　音乐可视化。通过 Minim 库实现音乐的可视化编程,讲解如何将音频数据与图形视觉效果结合,创造出动感的艺术作品。

第 9 章　视频和交互。涉及摄像头和视频文件的交互设计,读者可以通过摄像头实现动态交互效果,或处理视频文件进行创意编程。

第 10 章　字符串。讲解字符串的基础知识及其在文本处理和显示中的应用,为读者拓展文字与艺术结合的创作可能性。

本书特色

(1) 循序渐进,系统学习。从简单到复杂,从基础编程理论到创意项目实践,旨在帮助读者掌握编程技能,并逐步引入更高级的编程概念,适合初学者和有一定基础的读者。

(2) 案例丰富,代码解析。本书提供多个实用的代码示例,并对其进行详细的注释和运行结果分析,旨在帮助读者理解其背后的原理与逻辑。

(3) 创意编程,趣味阅读。本书结合生成艺术、音乐可视化、视频交互等创意编程领域,激发读者在艺术创作中实现个人创意与想法,既有技术深度又富有艺术性。

配套资源

为便于教与学,本书配有源代码、教学课件、教学大纲、教学进度表、案例素材、习题答案。

(1) 获取源代码、案例素材、全书网址和彩色图片方式:先刮开并用手机版微信 App 扫描本书封底的文泉云盘防盗码,授权后再扫描下方二维码,即可获取。

| 源代码、案例素材 | 全书网址 | 彩色图片 |

(2) 其他配套资源可以扫描本书封底的"书圈"二维码,关注后回复本书书号,即可下载。

读者对象

本书主要面向以下读者群体。

- 编程初学者:本书专为零编程基础的读者设计,提供通俗易懂的编程讲解与详细的代码注释,帮助初学者轻松上手。
- 艺术创作者:对于那些想通过编程实现生成艺术或交互设计的创作者,本书提供了从基础到进阶的编程学习路径,帮助他们将艺术创意转化为编程作品。
- 设计师、音乐家等创意工作者:通过音乐可视化、视频交互等章节的内容,本书为设计师和其他创意工作者提供了将编程应用于视觉和声音表达的工具与思路。
- 高校学生与教学者:本书内容丰富且结构清晰,非常适合作为 Processing 编程入门课程的教材,能够帮助学生从理论到实践全方位掌握编程技能,同时为教学者提供丰富的教学素材。

本书不仅是进入 Processing 世界的向导,更是编程与艺术结合的桥梁。无论是想提升编程技能,还是探索艺术创作的新维度,本书都能为读者提供全面的帮助和启发。

编　者

2025 年 1 月

目 录
CONTENTS

第 1 章　绘图基础 ·· 1

  1.1　认识 Processing ·· 1

    1.1.1　安装 Processing ·· 1

    1.1.2　绘制图形 ·· 2

  1.2　Processing 中的颜色 ··· 5

    1.2.1　RGB 颜色模式 ·· 5

    1.2.2　HSB 颜色模式 ·· 6

  1.3　Processing 工作流程 ··· 6

第 2 章　编程基础 ·· 10

  2.1　变量的基础知识 ·· 10

    2.1.1　数据类型 ·· 10

    2.1.2　变量的定义与初始化 ·· 10

    2.1.3　输出变量值 ·· 11

    2.1.4　算术运算符 ·· 11

  2.2　条件语句 ·· 14

    2.2.1　条件语句的语法规则 ·· 14

    2.2.2　逻辑运算符 ·· 16

  2.3　for 循环的使用 ··· 21

    2.3.1　for 循环的语法规则 ·· 21

    2.3.2　嵌套循环 ·· 23

  2.4　while 循环的使用 ··· 26

  2.5　变量作用范围 ··· 26

  2.6　利用循环生成风格化图片 ··· 29

第 3 章　数组

3.1　数组的定义 ······ 35
3.2　数组的应用 ······ 36

第 4 章　函数

4.1　无返回值函数的定义 ······ 41
4.2　无返回值函数的应用 ······ 43
4.3　有返回值函数的定义和应用 ······ 45

第 5 章　类与面向对象编程

5.1　如何定义一个类 ······ 47
5.2　类的应用 ······ 51
5.3　PImage 类的使用 ······ 53

第 6 章　三角函数

6.1　三角函数的基础知识 ······ 57
6.1.1　三角函数的基本概念 ······ 57
6.1.2　角度制和弧度制 ······ 58
6.1.3　三角函数图像 ······ 58
6.1.4　频率和振幅 ······ 59
6.1.5　极坐标表示 ······ 60
6.2　三角函数的应用 ······ 61

第 7 章　噪声

7.1　一维噪声的定义和应用 ······ 71
7.2　二维噪声的定义和应用 ······ 73
7.3　PVector 类与噪声的结合使用 ······ 76

第 8 章　音乐可视化

8.1　Minim 库的安装和使用 ······ 83
8.2　音乐可视化案例 ······ 87

第 9 章　视频和交互

9.1　使用摄像头进行交互设计 ······ 96
9.1.1　安装 Video 库 ······ 96

  9.1.2 使用 Video 库 ··· 98

 9.2 使用视频文件 ··· 107

第 10 章 字符串 ·· 109

 10.1 字符串基础知识 ··· 109

  10.1.1 创建字符串 ··· 109

  10.1.2 字符串操作 ··· 110

 10.2 字符串应用 ··· 111

参考文献 ·· 120

第 1 章

绘 图 基 础

本章将带领读者进入 Processing 的世界，学习如何通过编程绘制基本的几何图形，如点、线、矩形、椭圆等。同时，还将介绍颜色的使用和 Processing 的工作流程。本章的目的是为读者奠定视觉编程的基础，帮助读者掌握编程创作的核心工具。学习这些基本绘图功能是后续创意编程的重要起点，因为所有的复杂作品都是由简单的图形和颜色组合而成的。

1.1 认识 Processing

Processing 是一个基于 Java 的开源编程语言和集成开发环境（Integrated Development Environment，IDE），专门为视觉艺术家、设计师以及初学者开发，帮助他们快速上手计算机编程。它最初由 Casey Reas 和 Ben Fry 于 2001 年创立，目的是让人们能够轻松地将编程与图形化创作相结合。Processing 的最大特点是简洁易学，提供了直观的图形输出，用户可以通过几行简单的代码生成复杂的视觉效果。

Processing 在计算机艺术、视觉设计、数据可视化以及交互设计领域得到了广泛应用。它不仅支持静态图形的生成，还可以实现动态效果、动画甚至交互式作品。与传统编程语言不同，Processing 注重创意编程的体验，使得非技术背景的创作者也能够轻松地实现自己的艺术想法。

通过学习 Processing，读者将能够掌握编程的基本概念，并在艺术创作中自由运用这些工具。本书将从最基础的绘图功能开始，逐步深入编程的核心内容，帮助读者掌握编程技术与艺术创作的结合技巧。

1.1.1 安装 Processing

首先，需要下载 Processing 软件，下载网址详见前言二维码。Processing 软件下载界面如图 1-1 所示。单击 Download Processing 4.3 for macOS 按钮，安装即可。

图 1-1　Processing 软件下载界面

双击打开 Processing 工作界面，如图 1-2 所示，可以在这个页面中输入代码。当输入代码后，需要单击左上角的三角形按钮 ▶ 来运行代码。三角形按钮旁边的 ■ 按钮用来结束代码的运行。

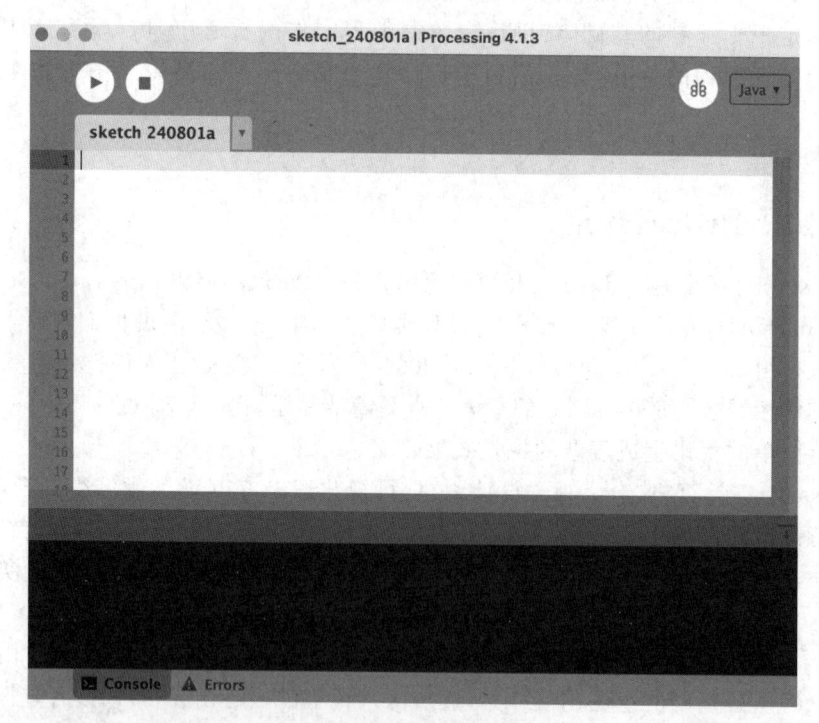

图 1-2　Processing 工作界面

1.1.2　绘制图形

本节将通过一个案例讲解如何用 Processing 来绘制最基本的图形。

如果想用中文来描述一条线,则通常会说:从坐标点(1,2)到坐标点(4,5)画一条线。Processing 的语法也是非常类似的,可以用命令 line(1,2,4,5)来绘制这条线。括号里的数字叫作参数。前两个参数是第一个点的坐标,后两个参数是第二个点的坐标。

在使用 Processing 进行图形绘制时,需要特别注意其坐标系与在中学所学的坐标系有所不同。在中学的坐标系中,X 轴是从左到右增加,Y 轴是从下到上增加。然而,在 Processing 中,虽然 X 轴仍然是从左到右增加,但 Y 轴是从上到下增加。Processing 坐标系如图 1-3 所示。图 1-3(a)为 Processing 定义的坐标系,图 1-3(b)为数学中的平面直角坐标系。

(a) Processing定义的坐标系　　(b) 数学中的平面直角坐标系

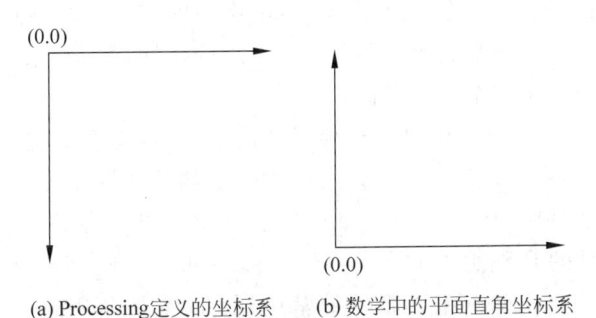

图 1-3　Processing 坐标系与数学中的平面直角坐标系对比

理解了 Processing 的坐标系后,就可以开始绘制各种图形了。

首先,使用 point()函数,在坐标(45,45)处绘制一个点。输入如下代码。

```
point(45, 45);
```

使用 rect()命令绘制矩形,默认模式下,需要提供 4 个参数:前两个参数是矩形左上角的坐标,后两个参数是矩形的宽度和高度,例如,输入如下代码。

```
rect(20,30,20,50);
```

绘制的图形如图 1-4 所示,左上角的坐标是(20,30),宽度是 20,高度是 50。

如果需要,可以改变绘制模式。例如,使用 rectMode(CENTER)可以使前两个参数定义矩形的中心点,后两个参数定义矩形的宽度和高度。以下是代码示例。

```
rectMode(CENTER);
rect(20, 30, 20, 50);
```

绘制的图形如图 1-5 所示,矩形中心点的坐标是(20,30),宽度是 20,高度是 50。

图 1-4　绘制矩形运行结果　　图 1-5　用 CENTER 模式绘制矩形运行结果

那么后面的矩形就都会使用 CENTER 模式来绘制，直到绘制模式被更改为止。另外，如果更习惯于定义矩形的左上角和右下角的坐标，也可以调整模式为 rectMode (CORNERS)。

绘制椭圆的命令是 ellipse()。椭圆的默认模式为 CENTER，前两个参数是椭圆的中心点，后两个参数是椭圆外接矩形的宽度和高度。代码示例如下。

```
ellipse(50, 50, 100, 50);
```

椭圆的绘制模式也可以通过 ellipseMode() 来改变，这里不再赘述。

三角形可以用 triangle() 命令来绘制，如 triangle(120,300,232,80,344,300)，这个命令共包含 6 个参数，第 1、2 个参数表示三角形第一个点的坐标，第 3、4 个参数表示第二个点的坐标，第 5、6 个参数表示第三个点的坐标。

Processing 还有很多命令也可以用于绘制其他图形，这里暂时先学习这些。如果读者想要了解更多的图形命令，可以参考 Processing 官网，网址详见前言中的二维码。

掌握这些基本的图形绘制方法后，就可以进行更复杂的创作了。需要注意的是，练习这些基本图形的目的是熟悉 Processing 的坐标系和基本功能。Processing 功能强大，在实际应用中，不会仅用代码生成简单的基本图形，而是利用这些基础进行更复杂的创作。

在开始第一个创作之前，还需要掌握一个基本命令——size 函数，用于设置窗口的大小。例如，size(400,400)将创建一个长和宽均为 400px 的窗口。需要注意的是，Processing 默认的窗口大小是 100×100px。

练习 1.1：

创建一个 400×400px 的窗口，在窗口中央绘制一个房子。

读者可以自己设计房子的形状，例如，如图 1-6 所示的房子包含矩形的主体、三角形的屋顶、圆形的窗户和直线绘制的门。

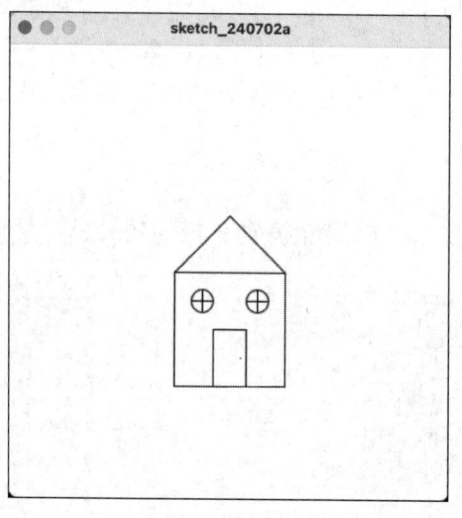

图 1-6　练习 1.1 绘制的房子参考图

1.2　Processing 中的颜色

1.2.1　RGB 颜色模式

在 Processing 中，颜色默认用 RGB 模式表示。RGB 颜色模式由红色（Red）、绿色（Green）和蓝色（Blue）三种颜色组成，每种颜色的取值范围是 0～255。

此外，还有灰度值表示法。如果灰度值为 0，表示纯黑色；如果灰度值为 255，表示纯白色。

在 Processing 中，指定颜色时需要考虑边框颜色（stroke）和填充颜色（fill）。边框颜色使用 stroke 命令，填充颜色使用 fill 命令。

如果 stroke 命令使用三个参数，则分别代表 RGB 值。例如：

stroke(255, 0, 0);　　//设置边框颜色为红色
stroke(0, 255, 0);　　//设置边框颜色为绿色

如果使用 4 个参数，最后一个参数则表示透明度（alpha）。例如：

stroke(255, 0, 0, 128);　　//设置半透明的红色边框

类似地，fill 命令的参数表示法与 stroke 命令相同。例如：

fill(0, 0, 255, 128);　　//设置半透明的蓝色填充

对于 stroke 和 fill 命令，如果只使用一个参数，表示灰度值；如果使用两个参数，第一个参数是灰度值，第二个参数是透明度。例如：

fill(128);　　//灰色填充
fill(128, 128);　　//半透明的灰色填充

如果想改变窗口背景的颜色，可以使用 background 命令，例如：

background(255);　　//设置背景颜色为白色

如果不需要某个图形的边框或填充颜色，可以使用 noStroke()或 noFill()命令取消边框或填充，运行结果如图 1-7 所示。

图 1-7　绘制红色填充的矩形

noStroke();　　//取消边框
fill(255,0,0);
rect(20,20,50,50);　　//绘制一个没有边框并且填充为红色的矩形

此时的图形没有边框。如果绘制的下一个图形需要边框，再使用 stroke()命令指定边框颜色即可。

在 Processing 中，所有颜色值的范围都是 0～255。如果不确定具体的 RGB 值，可以使用 Processing 的"工具"→"颜色选择器"选项来辅助选择颜色。颜色选择器提供 RGB 值和

HSB 值的参考,如图 1-8 所示。

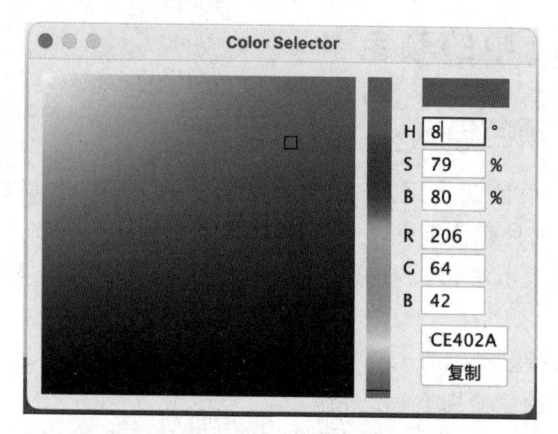

图 1-8　Processing 中的颜色选择器

1.2.2　HSB 颜色模式

HSB 颜色模式是另一种表示颜色的方式,其中,H 代表色相(Hue),S 代表饱和度(Saturation),B 代表亮度(Brightness)。要使用 HSB 模式,可以使用以下命令。

colorMode(HSB); //设置颜色模式为 HSB

在 HSB 模式下,色相(H)的取值范围是 0～255,对应色轮的 0°～360°。饱和度(S)和亮度(B)的取值范围也是 0～255。

如果要将颜色模式改回 RGB,可以使用:

colorMode(RGB); //设置颜色模式为 RGB

注意,Processing 中的 HSB 模式与某些美术或设计软件中的 HSB 模式可能略有不同。Processing 将所有值映射到 0～255。

颜色还可以用十六进制数来表示,但是这里不详细讲解十六进制,只需要知道在颜色选择器中,在选定颜色后,右下角会自动生成十六进制数,可以直接单击"复制"按钮,把这个数作为颜色使用,十六进制数的截图如图 1-9 所示。

图 1-9　颜色选择器中的十六进制数

练习 1.2:

将练习 1.1 中绘制的房子上色,为你梦想中的房子涂上颜色吧!

1.3　Processing 工作流程

在使用 Processing 进行动态交互图形创作之前,需要了解 Processing 的基本工作流程。通常,会使用两个主要的函数 setup 和 draw。其中,setup 函数用于初始化设置,内容只会执行一次；而 draw 函数会在每一帧更新一次。

在 Processing 中，帧（Frame）的概念是指每秒钟更新多少次图像，在默认情况下，Processing 的帧率是每秒 60 帧（即每秒更新 60 次图像）。

可以通过使用 mouseX 和 mouseY 来获取鼠标的位置，并利用这些坐标实现简单的互动效果。

以下案例实现了一个简单的动态交互，代码如例 1-1 所示。

【例 1-1】 鼠标动态交互。

```
void setup() {
  size(400, 400);              //定义一个 400×400px 的窗口
  background(255);             //设置背景颜色为白色
  noStroke();                  //取消图形的边框
  fill(255, 0, 0);             //使用红色填充
}

void draw() {
  background(255);             //每帧都重置背景颜色
  ellipse(mouseX, mouseY, 40, 40);  //绘制一个随鼠标移动的红色椭圆
}
```

运行结果如图 1-10 所示。

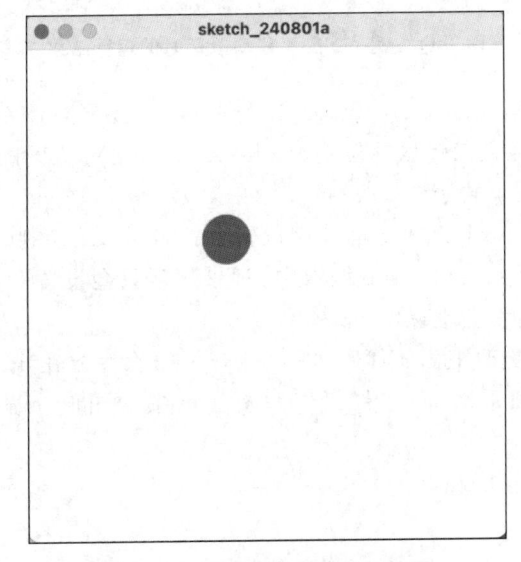

图 1-10　绘制红色小球运行结果

为了更深入地理解 Processing 的工作流程，可以尝试例 1-2 的代码。

【例 1-2】 鼠标绘画效果。

```
void setup() {
  size(400, 400);              //定义一个 400×400px 的窗口
  background(200);             //设置背景的灰度值为 200
}
```

```
void draw() {
//画一条从前一帧鼠标位置到当前帧鼠标位置的线
  line(pmouseX, pmouseY, mouseX, mouseY);
}
```

在窗口内随意移动鼠标时,将得到如图 1-11 所示的图案。

图 1-11 例 1-2 任意移动鼠标时的运行结果

在上述代码中,line(pmouseX, pmouseY, mouseX, mouseY)绘制了上一帧鼠标位置(pmouseX, pmouseY)与当前帧鼠标位置(mouseX, mouseY)之间的线条。这样,每次鼠标移动时,都会在窗口中留下轨迹。

需要注意的是,background 命令的使用位置会影响图形的绘制效果。

如果 background 函数放在 setup 函数中,背景颜色只会设置一次,图形在这张"纸"上不断绘制时,所有的痕迹都会被保留下来。

如果按照如下方式更改上面的代码,把 background 命令放在 draw 函数中,每帧都会重置背景颜色,相当于每帧重新铺一层"纸",只有当前帧的图形会显示出来,代码如例 1-3 所示。

【例 1-3】 每帧刷新背景。

```
void setup() {
  size(400, 400);
}

void draw() {
  background(200);
  line(pmouseX, pmouseY, mouseX, mouseY);
}
```

Processing 提供了 random() 函数来生成随机数。例如,random(0,255)会生成一个

0~255 的随机数，第一个参数如果是 0，则可以省略。更改上面的例子，使用 random(0, 255)来随机生成背景颜色的红色成分，会得到一个不停变化的背景，因为背景颜色的红色成分每帧更新一次，代码如例 1-4 所示。

【例 1-4】 动态变化背景。

```
void setup(){
  size(400, 400);
}

void draw() {
  background(random(255),128,128);
  line(pmouseX, pmouseY, mouseX, mouseY);
}
```

在 Processing 中，有一些内置的事件函数用于处理用户的交互。一个常见的事件是 mousePressed 事件，它在鼠标被单击时触发。需要注意的是，这些事件必须与 draw 函数一起使用，不能单独存在。

下面是一个使用 mousePressed 事件的例子，代码如例 1-5 所示。

【例 1-5】

```
void setup() {
  size(400, 400);
  background(200);
}
void draw() {
  //每一帧的绘制代码
}
void mousePressed() {
  background(random(255), 128, 128);
}
```

在这个例子中，background(200)设置了初始的背景颜色为灰色（灰度值为 200）。mousePressed 函数定义了一个事件处理程序，当单击鼠标时，背景颜色的红色成分会变为一个随机数，而绿色和蓝色成分保持为 128。这样，每次单击鼠标时，背景颜色都会改变。

通过这种方式，可以控制交互事件的触发频率，使得程序更加符合预期的行为。这样，只有在单击鼠标时，背景颜色才会改变，而不是在每一帧都随机变化。

第 2 章

编 程 基 础

本章将深入讲解编程的核心概念,包括变量、条件语句、循环以及作用域。这些概念构成了所有编程语言的基础,是编程思维的核心要素。通过学习这些内容,读者将理解如何控制程序的逻辑流程,并通过编程实现自动化操作。掌握这些基本语法结构,读者将能够创建更复杂的交互式和动态效果。

2.1 变量的基础知识

2.1.1 数据类型

在编程中,常见的数据类型有整数类型、浮点类型、布尔类型、字符类型、字符串类型。
(1) 整数类型(int):用于存储整数,例如,2,1000。
(2) 浮点类型(float):用于存储小数,例如,3.1415。
(3) 布尔类型(boolean):用于存储逻辑值,值可以是 true 或 false。例如,布尔变量可以表示灯的开关状态(开为 true,关为 false)。
(4) 字符类型(char):用于存储单个字符,字符用单引号括起来。例如,'a'或' '(空格)。
(5) 字符串类型(String):用于存储字符串,字符串用双引号括起来。例如,"Hello, World!",注意,虽然字符串类型很常见,但是它并不是基础数据类型。

2.1.2 变量的定义与初始化

在编程中,理解变量是非常重要的,Processing 使用的编程语言是 Java。掌握变量的使用不仅对绘制基本图形有帮助,还能为后续更复杂的编程打下坚实的基础。
定义一个变量需要两个步骤。
(1) 声明变量:通过指定数据类型和变量名来声明变量。例如,int x 和 float y 分别声明了一个整数类型的变量 x 和一个浮点数类型的变量 y。

(2) 初始化变量：给变量赋予初始值。例如，x=0 和 y=1.2 将变量 x 初始化为 0，将变量 y 初始化为 1.2。

完整的变量定义与初始化语句可以是：

```
int x = 0;
float y = 0.0;
```

如果没有显式地初始化，整数和浮点数类型的变量默认会被初始化为 0 和 0.0。

在编程中，等号(=)用于赋值操作，即将右边的值存储到左边的变量中。这与数学中的等式不同。例如：

```
int x = 3;        //声明整数类型变量 x，并初始化为 3
x = x + 2;        //为 x 重新赋值为 x+2，即 3+2
```

x=x+2 在数学上是不成立的，但是在这段代码中，第二行的意思是将 x 的当前值(3)加上 2，然后将结果(5)存储到变量 x 中。因此，最终 x 的值为 5。

如果需要比较两个值是否相等，使用双等号(==)。例如：

```
x == 5           //用于判断 x 和 5 是否相等
```

2.1.3 输出变量值

在 Processing 中，可以使用 print 和 println 函数在控制台(Console)中输出变量的值，println 函数会在输出内容后换行，而 print 函数则不会。学会使用控制台输出某些变量的值，对于后面运行复杂程序的调试非常有用。

例如：

```
int x = 3;
println("x 的值是:" + x);
x = x + 2;
println("现在 x 的值是:" + x);
```

程序运行结果如图 2-1 所示，图中下方黑色部分就是 Console。

括号内的内容"x 的值是:"是一个字符串，字符串可以用加号和其他内容连接起来进行输出。Processing 在控制台中的输出内容如图 2-1 所示。

2.1.4 算术运算符

在编程中，算术运算符是最基本的操作符，用于执行各种数学运算。常见的算术运算符包括加(+)、减(-)、乘(*)、除(/)，以及取余运算符(%)用于获得余数。下面通过一个简单的例子来说明这些运算符的使用，代码如例 2-1 所示。

【例 2-1】 使用算术运算符。

```
void setup() {
  //定义变量
  int a = 10;
```

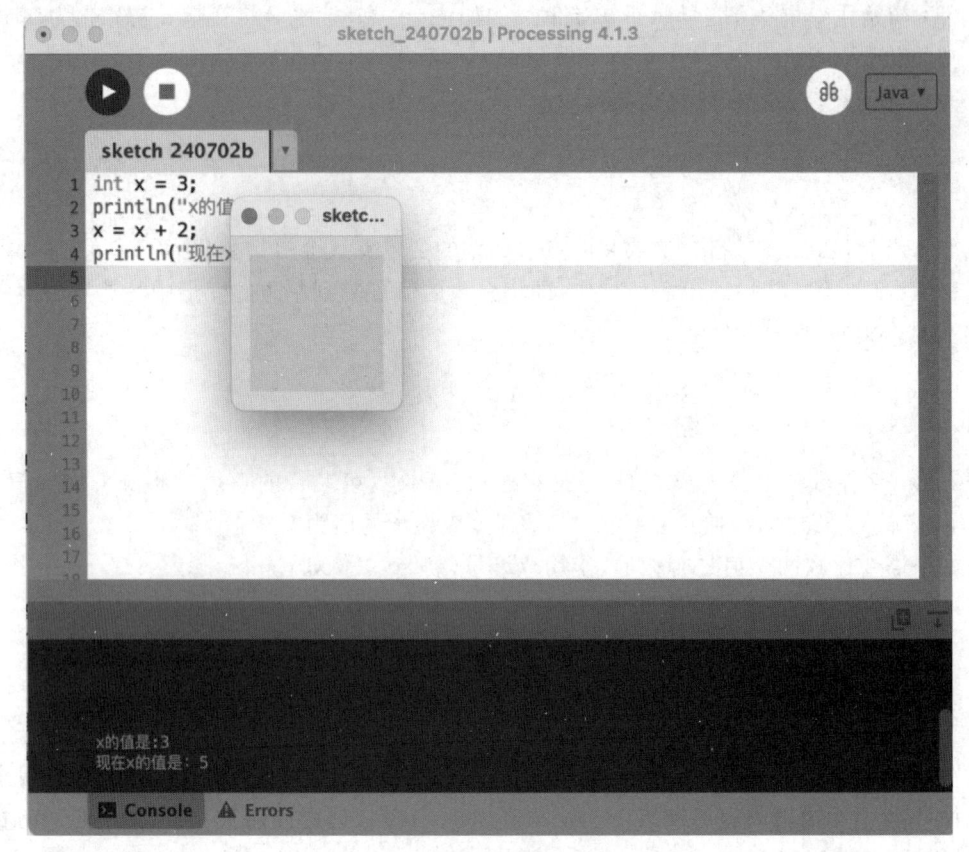

图 2-1　Processing 在控制台中输出内容

```
int b = 3;

//加法
int sum = a + b;
println("加法: " + a + " + " + b + " = " + sum);

//减法
int difference = a - b;
println("减法: " + a + " - " + b + " = " + difference);

//乘法
int product = a * b;
println("乘法: " + a + " * " + b + " = " + product);

//除法
float quotient = (float)a / b; //将 a 转换为浮点数以获得精确结果
println("除法: " + a + " / " + b + " = " + quotient);

//取余
int remainder = a % b;
```

```
    println("取余: " + a + " % " + b + " = " + remainder);
}

void draw() {

}
```

控制台中输出的结果如图 2-2 所示。

图 2-2 控制台中输出算术运算结果

这里需要注意的是除法的使用，如果 a、b 都是 int 类型，进行除法后的结果还是 int 类型，会取整数部分，得到的结果是 3。如果需要得到精确的结果，可以用 float(a)命令，将 a 强制转换成浮点型，参与运算的两个数中有任意一个浮点型，得到的结果都为浮点型，这样可以得到精确的结果。

通过下面的例子，可以复习所学的内容，代码如例 2-2 所示。这个例子将创建一个 600×600px 的窗口，并在其中绘制随机大小、颜色和位置的矩形。如果不更新背景颜色，将在窗口中累加生成许多矩形，呈现出一种科技感。读者也可以根据自己的设计和想法，在此基础上进行创作。

【例 2-2】 绘制随机矩形。

```
float x = 0;
float y = 0;
void setup(){
  size(600,600);
  background(#0B5998);
  noFill();                        //去除填充色
}
void draw(){
  x = random(0,width);             //x 坐标在 0 到窗口宽度之间
  y = random(0,height);            //y 坐标在 0 到窗口高度之间
  stroke(100,random(0,255),160);   //设置随机颜色的边框
//矩形宽度在 10 到 60 之间,高度在 10 到 80 之间
  rect(x,y, random(10,60),random(10,80));
}
```

运行结果如图 2-3 所示。

图 2-3　例 2-2 随机生成矩形运行结果

2.2　条件语句

2.2.1　条件语句的语法规则

条件语句是一个非常重要的概念，它能够帮助控制程序的逻辑流。需要了解的第一个逻辑语句的关键字是 if，后面跟随一个条件表达式。当条件表达式为真时，执行 if 语句块中的内容；否则，不执行。

这个例子中先随机生成一个 GPA 的值，范围为 0~4，然后根据 GPA 的值来决定是否录取，代码如例 2-3 所示。

【例 2-3】　使用 if 语句。

```
float GPA = random(0, 4);   //生成一个 0~4 的随机数
println("GPA: " + GPA);     //打印 GPA 值
if (GPA > 2.0) {
  println("恭喜,你被录取了!");
}
println("谢谢");
```

如果 GPA＞2.0，则打印"恭喜，你被录取了！"，无论是否满足 if 里面的条件，后面的"谢

谢"都会被打印。if 语句的逻辑如图 2-4 所示。

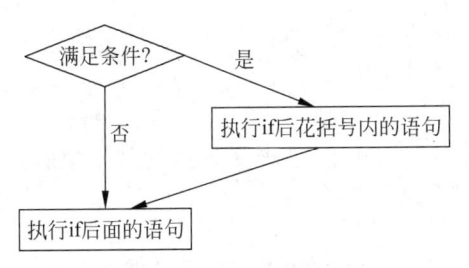

图 2-4　if 语句的逻辑

另外一种逻辑语句是二选一的 if-else 语句。例如，判断 GPA 是否大于或等于 2.0，如果是，则打印"恭喜，你被录取了！"；否则，打印"很遗憾，你没有被录取。"，代码如例 2-4 所示。

【例 2-4】　使用 if-else 语句。

```
float GPA = random(0, 4);      //生成一个 0~4 的随机数
println("GPA: " + GPA);        //打印 GPA 值
if (GPA >= 2.0) {
  println("恭喜,你被录取了!");
} else {
  println("很遗憾,你没有被录取.");
}
```

if-else 语句的逻辑如图 2-5 所示。

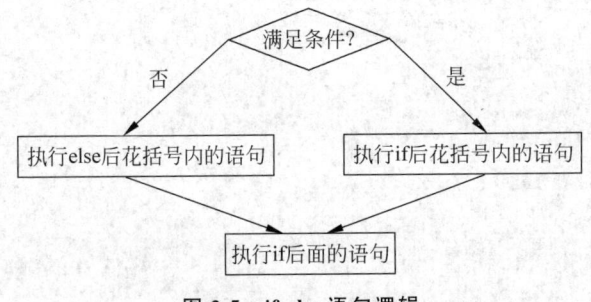

图 2-5　if-else 语句逻辑

现在，对之前的随机矩形程序进行优化，使其在特定条件下绘制不同的形状，代码如例 2-5 所示。

【例 2-5】　使用 if-else 语句绘图。

```
float x = 0;
float y = 0;
void setup(){
  size(600,600);
  background(100,120,160);
  noFill();                    //去除填充色
```

```
}
void draw(){
  x = random(0,width);           //x 坐标在 0 到窗口宽度之间
  y = random(0,height);          //y 坐标在 0 到窗口高度之间
  if(x < 300){
    stroke(255,255,0);           //如果 x 坐标小于 300,边框设置为黄色
  }
  else{
    stroke(100,random(0,255),160);//否则,设置随机颜色的边框
  }
//矩形宽度在 10 到 60 之间,高度在 10 到 80 之间

  rect(x,y, random(10,60),random(10,80));
}
```

得到的结果如图 2-6 所示,左边的图形都为黄色,右边为随机颜色。

图 2-6 例 2-5 运行结果,左边为黄色矩形,右边为随机颜色

2.2.2 逻辑运算符

在条件判断中,还可以使用逻辑运算符来组合多个条件。
- ＝＝表示等于。
- ！＝表示不等于。
- <表示小于。

- <=表示小于或等于。
- \>表示大于。
- \>=表示大于或等于。
- && 表示与(AND)。
- || 表示或(OR)。
- ！表示取反。

&& 的意思是,同时满足这个符号前后两个条件。|| 的意思是,满足前后两个条件中的一个即可。

通过使用这些逻辑运算符,可以实现更加复杂和精确的条件判断,从而更好地控制程序的执行流程。例如,对上面的例子稍做更改,代码如例 2-6 所示。

【例 2-6】 使用逻辑运算符绘图。

```
float x = 0;
float y = 0;
void setup(){
  size(600,600);
  background(100,120,160);
  noFill();                          //去除填充色
}
void draw(){
  x = random(0,width);               //x 坐标在 0 到窗口宽度之间
  y = random(0,height);              //y 坐标在 0 到窗口高度之间
  stroke(100,random(0,255),160);     //设置随机颜色的边框
  if(x<300&&y<300){//如果 x<300 并且 y<300
      ellipse(x,y,30,30);            //绘制椭圆
  }
  else{//否则,即在其他部分
    rect(x,y,random(10,60),random(10,80)); //绘制矩形
  }
}
```

运行结果如图 2-7 所示,如果把上面的条件改成 if(x<300||y<300),请读者思考会在哪个部分绘制圆形,在哪个部分绘制矩形?

在编程中,逻辑运算符!表示取反操作。它将表达式的结果取反。例如,如果条件是 x<300,在前面加上!变为!(x<300),即表示 x 不小于 300,也就是 x>=300。

请读者尝试,把上面例子中的条件改为 if(!(x<300)),将获得怎样的结果呢?

请读者看例 2-7 所示代码,预测会输出怎样的结果。

【例 2-7】 输出成绩等级。

```
int percent = random(50, 100);

if (percent >= 90) {
    println("你得到了 A!");
```

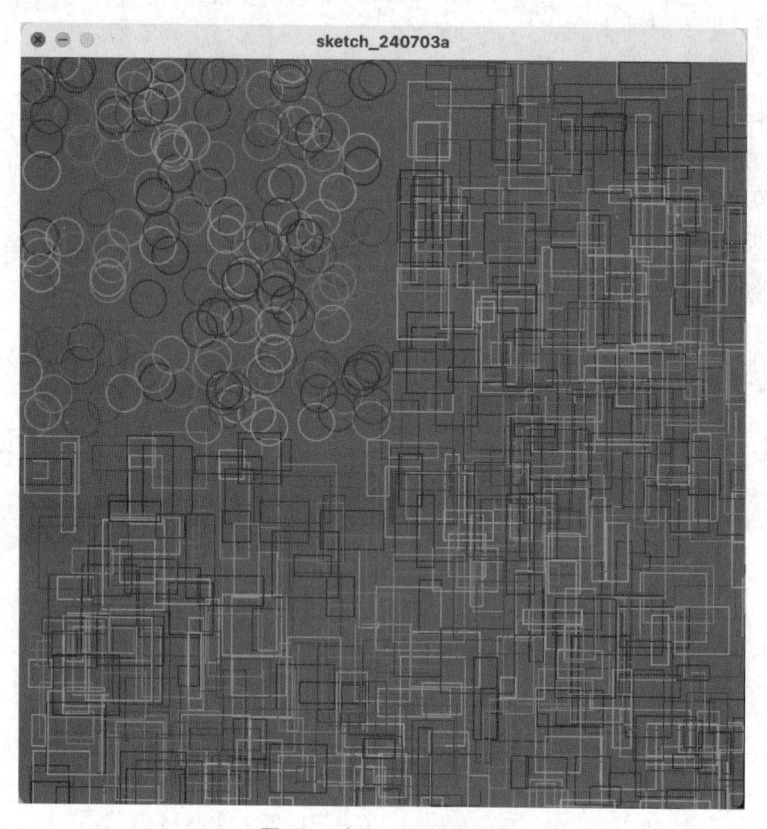

图 2-7 例 2-6 运行结果

```
}
if (percent >= 80) {
    println("你得到了 B!");
}
if (percent >= 70) {
    println(" 你得到了 C!");
}
if (percent >= 60) {
    println("你得到了 D!");
}
if (percent < 60) {
    println("你得到了 F!");
}
```

由于代码是从上到下顺序执行的,这个代码的问题在于,每个 if 语句都会被单独检查,导致当 percent 满足多个条件时,会打印多条信息。例如,如果 percent 是 95,那么它既大于 90,又大于 80,还大于 70 和 60。因此,所有符合条件的 println 语句都会执行,打印出多个成绩。

要解决这个问题,可以使用 else if 语句,这样一旦满足某个条件后,其余的条件就不会被检查了。修正后的代码如例 2-8 所示。

【例 2-8】 正确地输出成绩等级。

```
int percent = random(50,100);
if (percent >= 90) {
    println("You got an A!");
} else if (percent >= 80) { //如果不满足 percent >= 90
println("You got a B!");
//如果不满足 percent >= 90 也不满足 percent >= 80
} else if (percent >= 70) {
    println("You got a C!");
} else if (percent >= 60) {
    println("You got a D!");
} else {
    println("You got an F!");
}
```

下面通过一个例子来复习上面的内容,代码如例 2-9 所示。

【例 2-9】

```
int x;                  //声明变量 x
void setup(){
  size(600,400);
  x = 40;               //x 初始化为 40
}
void draw(){
  background(255);
  fill(255,0,0);
//在(x,200)这个位置画一个 40×40px 的小球
  ellipse(x,200,40,40);
  x = x + 2;            //x 的值每帧增加 2,视觉上,小球有一种向右移动的效果
}
```

那么,该如何让小球停下呢?可以使用布尔型变量,通过这个变量 true 和 false 的变化来控制,代码如例 2-10 所示。

【例 2-10】 移动的小球。

```
int x;
//定义一个布尔变量 run,表示小球是否运动,初始值为 true
boolean run = true;
void setup(){
  size(600,400);
  x = 40;
}
void draw(){
  background(255);
  fill(255,0,0);
  ellipse(x,200,40,40);
```

```
    if(run == true){  //如果 run 为 true 时
      x = x + 2;
    }
  }
```

声明一个布尔型的变量 run,初始化为 true,添加条件,如果 run 为 true 时,让小球移动；否则,不执行 x＝x＋2 操作,即小球不移动。如果把 run 初始化为 false,则小球不移动。

那么,是否可以用鼠标控制小球的移动呢？代码如例 2-11 所示。

【例 2-11】 通过鼠标控制小球的移动。

```
//定义一个整数变量 x,表示小球的水平位置
int x;
//定义一个布尔变量 run,表示小球是否移动,初始值为 true
boolean run = true;
void setup() {
  size(600,400);      //设置画布大小为 600×400px
  x = 40;             //初始化小球的水平位置为 40
}
void draw() {
  background(255);    //设置背景颜色为白色
  fill(255, 0, 0);    //设置填充颜色为红色
  ellipse(x, 200, 40, 40);
  if (run == true) {  //如果 run 为 true,小球移动
    x = x + 2;        //小球的水平位置每帧增加 2
  }
}
void mousePressed() {
  if (run == true) {  //如果 run 为 true
    run = false;      //将 run 设置为 false,小球停止移动
  } else {            //如果 run 为 false
    run = true;       //将 run 设置为 true,小球开始移动
  }
}
```

在 mousePressed() 函数中,通过鼠标单击切换 run 的值,如果当前为 true,则重置为 false,如果当前为 false,则重置为 true,实现控制小球的运动或停止。

mousePressed() 函数内部,也可以简写成 run＝!run,表示将 run 的值从 true 切换为 false,或从 false 切换为 true。

运行结果如图 2-8 所示。

练习 2.1：

随机产生一个 10～40 的 BMI 指数。如果 BMI 指数小于 18.5,则打印"体重过轻"；如果介于 18.5 和 25,则打印"体重正常"；如果介于 25 和 30,则打印"超重"；如果大于 35,则打印"肥胖"。

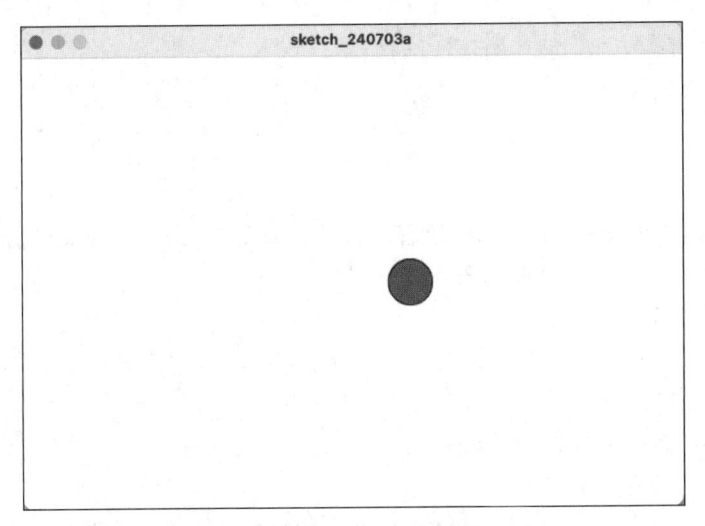

图 2-8　例 2-11 运行结果

练习 2.2：

请定义一个 600×600px 的窗口，并在中间画一条横线。如果鼠标高于这条线，则在鼠标位置画一个蓝色的小圆圈；如果鼠标低于这条线，则在鼠标位置画一个红色的小圆圈。

练习 2.3：

在例 2-11 中，如何让小球触及右侧边框时反弹，让小球向左移动？

2.3　for 循环的使用

2.3.1　for 循环的语法规则

for 循环可以多次执行相同的语句。如果想打印 4 次"hello! world"，则使用 for 循环，代码如例 2-12 所示。

【例 2-12】　for 循环的使用。

```
for (int i = 1; i <= 4; i++) {
    println("hello! world");
}
```

其运行结果如图 2-9 所示。

图 2-9　用 for 循环打印 4 次文字

下面来具体看一下 for 循环的语法结构。

```
for (初始化;条件检查;更新) {
    循环体
}
```

圆括号内部,首先是初始化部分,接着是条件检查部分,最后是更新部分。

初始化:在第一个分号之前的语句,只会执行一次。

然后重复执行如下过程。

(1) 条件检查:检查条件是否满足。如果条件不满足,则停止循环;如果条件满足,则继续执行循环体内的语句。

(2) 循环体:执行循环体内的语句。

(3) 更新:执行更新部分的语句。

完成一次上述步骤后,再次进行条件检查,重复执行循环体和更新部分,直到条件不再满足。

在 for 循环中,经常会遇到一些简写形式,例如:

- x++ 等同于 x=x+1。
- x-- 等同于 x=x-1。
- x+=2 等同于 x=x+2。
- x-=3 等同于 x=x-3。

下面来看一个具体的例子,打印 1~5 的所有数的平方,代码如例 2-13 所示。

【例 2-13】 打印数字 1~5 的平方。

```
for (int i = 1; i <= 5; i++) {
    println(i + "的平方等于 " + (i * i));
}
```

运行结果如图 2-10 所示。

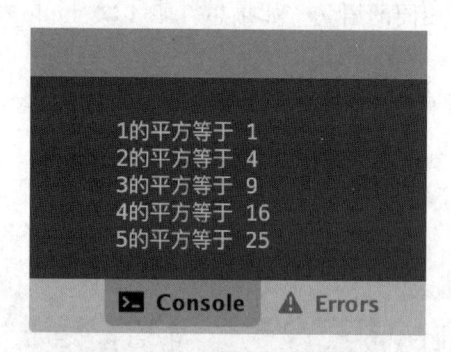

图 2-10 例 2-13 运行结果

在例 2-11 中,绘制小球的代码写在 draw() 函数中,当小球没有进行运动时,每一帧都在同一个位置绘制这个小球。现在,请读者思考如何在同一帧内绘制多个小球。例如,在同一帧内绘制 10 个水平分布的小球,每个小球之间的距离为 40,代码如例 2-14 所示。

【例 2-14】 绘制 10 个水平分布的小球。

```
void setup() {
```

```
    size(600, 400);         //设置画布大小为 600×400px
}

void draw() {
    background(255);        //设置背景颜色为白色
    fill(255, 0, 0);        //设置填充颜色为红色
    for (int i = 0; i < 10; i++) { //循环 10 次,绘制 10 个小球
//在画布上绘制圆形,小球的水平间距为 40px
        ellipse(20 + i * 40, 200, 40, 40);
    }
}
```

运行结果如图 2-11 所示。

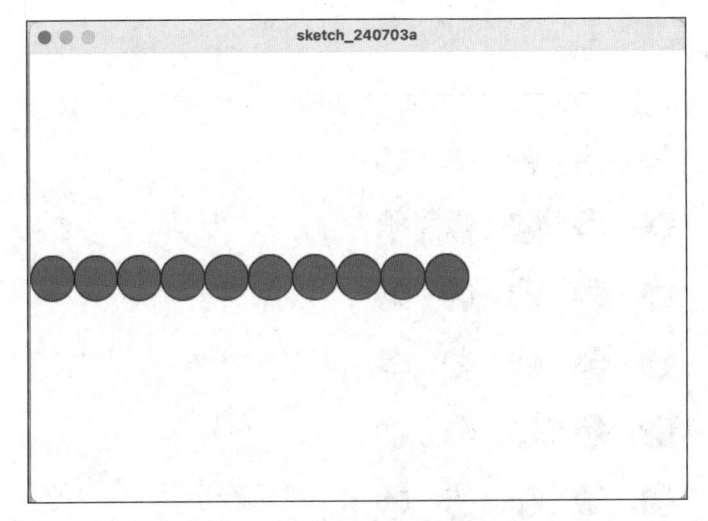

图 2-11　例 2-14 运行结果

以上代码将在窗口内水平分布绘制 10 个小球,每个小球之间的距离为 40px。

这里充分利用了变量 i,小球的 x 坐标是 i*40,为了让第一个小球显示完整,须执行 i*40+20,这样每个小球都有不同的 x 坐标,形成一种水平方向 10 个小球排布的状态。

练习 2.4:
如何改写例 2-14 程序,使得 10 个小球垂直分布?

2.3.2　嵌套循环

在 2.3.1 节的例子中,画了一行水平分布的小球,现在希望画多行小球,让小球布满整个屏幕。假设画 10 行小球,每行画 5 个,形成 10 行 5 列的小球排列。这时,一重 for 循环是不够的,需要使用嵌套的双重 for 循环。

下面是一个具体的例子,通过双重 for 循环来实现这个目标,代码如例 2-15 所示。

【例 2-15】　使用双重 for 循环绘制小球。

```
void setup() {
    size(600, 600);                    //设置画布大小为 600×600px
}
void draw() {
    background(255);                   //设置背景颜色为白色
    fill(255,0,0);                     //设置填充颜色为红色
    for (int i = 0; i < 5; i++) {      //外层循环,控制每一行的小球数量
        for (int j = 0; j < 10; j++) { //内层循环,控制每一列的小球数量
            //绘制圆形,水平和垂直方向的间距均为 60px,圆的直径为 30px
            ellipse(i * 60 + 30, j * 60 + 30, 30, 30);
        }
    }
}
```

运行结果如图 2-12 所示。

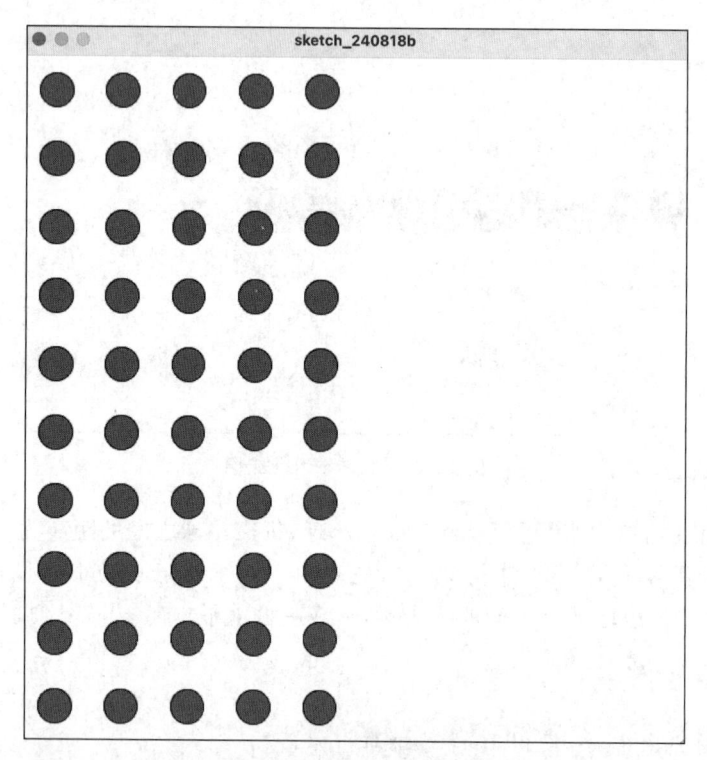

图 2-12　例 2-15 运行结果

在这个例子中,外层 for 循环控制行,内层 for 循环控制列。每个小球的 x 坐标是 i * 60 + 30,y 坐标是 j * 60 + 30,这样可以确保小球在屏幕上均匀分布。

下面再通过一个例子来巩固嵌套循环的知识,代码如例 2-16 所示。

【例 2-16】　绘制渐变的网格。

```
void setup() {
    size(600, 600);                    //设置画布大小为 600×600px
}
```

```
void draw() {
    color startColor = color(255, 0, 0);  //左上角颜色(红色)
    color endColor = color(0, 0, 255);    //右下角颜色(蓝色)
    int gridSize = 60;                    //每个网格单元的大小
    for (int i = 0; i < 10; i++) { //外层循环,控制每一行的矩形数量
        for (int j = 0; j < 10; j++) { //内层循环,控制每一列的矩形数量
            //计算插值参数,将索引标准化到[0, 1]计算当前网格单元的颜色
            float t = (float)(i * 10 + j) / 99;
            //计算插值颜色
            color currentColor = lerpColor(startColor, endColor, t);
            fill(currentColor);      //设置填充颜色为当前插值颜色
            //绘制网格单元
            rect(i * gridSize, j * gridSize, gridSize, gridSize);
        }
    }
}
```

运行结果如图 2-13 所示。

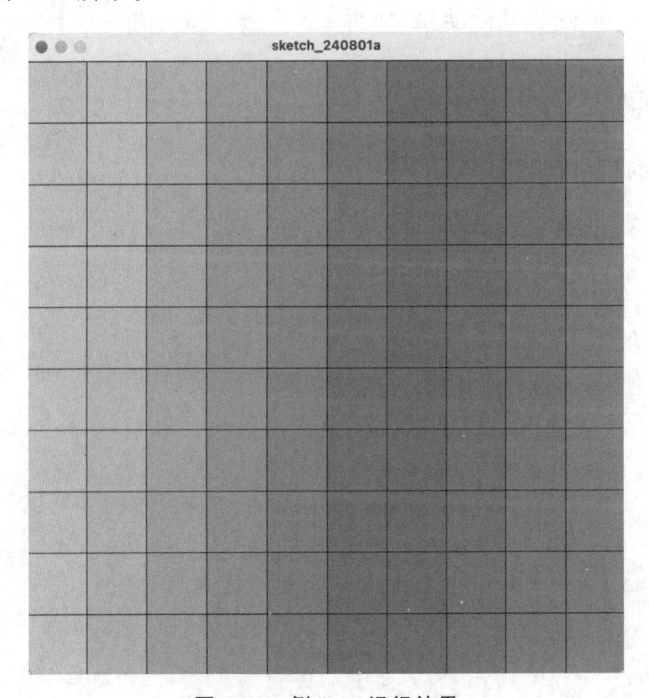

图 2-13　例 2-16 运行结果

在这个例子中,先来了解一下 lerpColor():此函数用于计算两个颜色之间的线性插值(渐变颜色)。该函数可以生成一个介于两个给定颜色的中间颜色,用于创建平滑的颜色过渡效果。

其语法为

color lerpColor(color c1, color c2, float amt)

其中，

c1：第一个颜色（起始颜色）。

c2：第二个颜色（结束颜色）。

amt：插值参数，范围为[0.0, 1.0]。

在这个例子中，有一个理解上的难点是 t 的计算。t 是用来进行颜色线性插值（渐变）的参数。

```
float t = (float)(i * 10 + j) / 99;    //计算插值参数
```

计算(i*10+j)/99：

这个表达式将二维的网格位置(i, j)转换为一个一维的索引。

i 表示当前行数，从 0 到 9。

j 表示当前列数，从 0 到 9。

i*10+j 表示当前单元在整个 10×10 网格中的位置索引(0~99)。

为了将索引转换为插值参数 t，需要将其标准化到[0,1]的范围。由于网格总共有 100 个单元（索引从 0 到 99），用 99 作为除数。

t=(i*10+j)/99 将索引标准化，使得 t 从左上角的 0(i=0,j=0)变化到右下角的 1(i=9,j=9)。

2.4　while 循环的使用

while 循环与 for 循环相比，在直观上更容易理解。while 循环的语法结构如下。

```
while (条件) {
    //循环体
}
```

只要条件满足，while 循环就会重复执行循环体内的语句。示例如下。

```
int num = 1;
while (num < 200) {
    println(num);
    num *= 2;    //更新变量 num 的值，每次循环在原来的基础上乘以 2
}
```

需要注意的是，在 while 循环中，需要手动更新循环变量，否则会导致死循环。

2.5　变量作用范围

在 for 循环或 while 循环中声明的变量，其作用范围仅限于循环体内部。如果在循环体外使用该变量，会导致编译错误。

例如：

```
for (int i = 0; i < 10; i++) {
```

```
    //变量 i 的作用范围在这个花括号内
}
print(i);        //会出现编译错误
```

同样,在函数内部声明的变量,其作用范围仅限于该函数内部。

```
void setup() {
    int x = 100;
}

void draw() {
    println(x);
//会出现编译错误,在 setup 函数里声明的变量无法在 draw 函数中使用
}
```

如果需要在多个函数中使用变量,可以声明全局变量。

```
int x; //全局变量

void setup() {
    x = 100;
}

void draw() {
    println(x);    //可以访问全局变量 x
```

下面再看一个例子,改写之前绘制红色小球的程序,使其在 600×600px 的窗口内布满颜色随机的马赛克方块,代码如例 2-17 所示。

【例 2-17】 绘制随机马赛克。

```
void setup() {
    size(600, 600);
}

void draw() {
    for (int i = 0; i < 30; i++) {
        for (int j = 0; j < 30; j++) {
            fill(random(255), random(255), random(255));
            rect(i * 20, j * 20, 20, 20);
        }
    }
}
```

运行结果如图 2-14 所示。

在这个例子中,图中的方块会不断闪烁,变化颜色,因为 draw 函数里面的颜色每帧是不停刷新的。如果不希望颜色一直刷新,可以在 setup 函数里加上

```
noLoop();
```

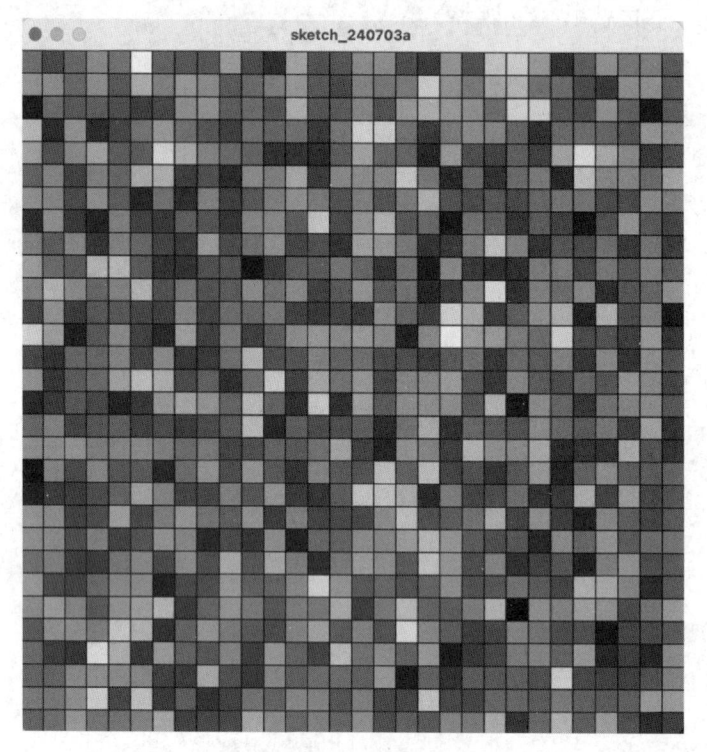

图 2-14 例 2-17 运行结果

在 Processing 编程中，noLoop()函数用于停止 draw()函数中的代码的连续执行。正如前面所说，Processing 会不断地执行 draw()函数中的代码，从而形成动画效果。而调用 noLoop()后，draw()函数中的代码将只执行一次，不再重复。

如果在 setup()函数中使用 noLoop()，应将其放在 setup()块的最后一行。如果需要重新使用 draw()函数开始执行，则需要在 mousePressed()等函数中调用 loop()函数。

例 2-18 演示了如何使用 noLoop()函数来停止动画，并通过鼠标单击重新启动动画。

【例 2-18】 使用 noLoop()函数控制动画的启动。

```
int x;

void setup() {
    size(600, 400);
    x = 0;
    noLoop(); //停止 draw()函数的连续执行
}

void draw() {
    background(255);
    fill(255, 0, 0);
    ellipse(x, height/2, 50, 50);
    x += 2;
```

}
//鼠标单击事件处理函数,用于重新启动动画
void mousePressed() {
    loop(); //重新开始 draw()的连续执行
}

在这个例子中,setup()函数中调用了 noLoop(),因此 draw()函数中的代码只执行一次。每次单击鼠标时,mousePressed()函数会调用 loop()函数,从而重新启动 draw()函数的连续执行,实现动画效果。

通过这种方式,可以根据需要控制动画的开始和停止,为程序添加更多的交互性。

2.6 利用循环生成风格化图片

通过嵌套 for 循环,可以将一张图片分解成一个个像素块,并进行风格化处理。

在运行这个程序之前,首先要将图片加入程序,第一种方式是先保存代码文件(按 Ctrl＋S 组合键(Windows 系统)或者按 Command＋S 组合键(macOS 系统)),保存之后会生成一个文件夹,在这个文件夹下新建一个名为 data 的文件夹,将需要用的图片放在里面,如图 2-15 所示。

图 2-15 导入图片文件后源文件的保存结构

另外一种方式是,直接将图片拖曳到写代码的工作区,系统会自动在保存程序的文件夹下生成一个 data 文件夹,并把这张图片存储在里面。添加成功后,会显示"将 1 个文件添加到速写本。",如图 2-16 所示。

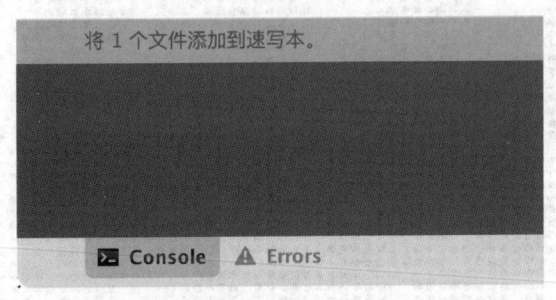

图 2-16 加入图片文件后控制台的显示内容

下面来看一个例子,代码如例 2-19 所示。

【例 2-19】 生成像素风的图片。

```
PImage img;                    //声明一个变量用于存储图片
```

```
void setup() {
    size(600, 600);                              //设置窗口的大小为 600×600px
//加载名为"image.png"的图片文件,读者需要使用自己的图片进行替换
    img = loadImage("image.png");
    img.resize(width, height);                   //将图片的大小调整为与窗口相同
    noStroke();
}
void draw() {
    background(255);                             //设置背景颜色为白色
    //以 10px 为步长遍历图片的宽度
    for (int x = 0; x < img.width; x += 10) {
        //以 10px 为步长遍历图片的高度
        for (int y = 0; y < img.height; y += 10) {
            color c = img.get(x, y);             //获取(x, y)位置像素的颜色
            fill(c);                             //设置绘制椭圆的填充颜色为该像素的颜色
//在(x, y)位置绘制一个宽度和高度为 7px 的椭圆
            ellipse(x, y, 7, 7);
        }
    }
}
```

运行结果如图 2-17 所示。

图 2-17　例 2-19 运行结果

在这个例子中，首先加载一张图片，并将其大小调整为窗口大小。然后，通过双重 for 循环遍历每个像素，获取其颜色，并用该颜色绘制圆形。

在加载图片时，有时需要对图片大小进行调整，如例 2-19 中的 img.resize(width, height)，将图像调整为新的宽度和高度，但是如果图像本身的比例和窗口差很多，则会导致图像变形。为了使图像按比例缩放，使用 0 作为宽或高参数的值。例如，要使图像的宽度为 300px，即不改变图像本身宽高之间的比例，可以使用 resize(300,0)，调整后的结果如图 2-18 所示。

图 2-18　使用 resize 命令调整后的图片

下面是另外一个对图片进行风格化的案例，代码如例 2-20 所示。

【例 2-20】　生成风格化图片。

```
PImage pic;

void setup(){
  //设置画布大小为 900×1038px
  size(900,1038);

  //加载名为 "jay.png" 的图片
  pic = loadImage("ji.png");
```

```processing
    //将图片宽度调整为画布宽度,保持纵横比
    pic.resize(width, 0);

    //设置背景颜色为白色
    background(255);

    //禁用描边
    noStroke();

    //遍历图片的每一列,步长为 8px
    for (int i = 0; i < width; i += 8) {
      //遍历图片的每一行
      for (int j = 0; j < height; j++) {
        //获取当前像素的颜色
        color c = pic.get(i, j);

        //如果当前像素的亮度小于 120
        if (brightness(c) < 120) {
          //设置填充颜色为深灰色(100)
          fill(100);

          //生成 2~6 的随机整数,作为椭圆的直径
          int d = int(random(2, 6));

          //在当前位置绘制一个椭圆
          ellipse(i, j, d, d);
        }
      }
    }
}

void draw(){
  //draw()函数为空,因为不需要在每帧都重新绘制图像
}

void keyPressed(){
  //如果按下的键是 's' 或 'S'
  if (key == 's' || key == 'S') {
    //保存当前画布内容为 "picture1.png"
    save("picture1.png");
    //在控制台输出 "image saved"
    println("image saved");
  }
}
```

运行结果如图 2-19 所示。

(a) 人像原图

(b) 风格化处理后的图片

图 2-19 人像原图片和风格化后的图片对比

在这个程序中,会根据像素的亮度决定是否在相应位置绘制一个灰色的小椭圆。绘制的规则如下。

- 如果像素的亮度低于 120(暗色),则在该位置绘制一个灰色椭圆。
- 椭圆的直径是随机的,范围为 2~6。
- 椭圆的颜色是固定的深灰色(亮度为 100)。

这个程序可以用于生成有趣的艺术效果,模拟一些手工绘制的点阵图。注意:挑选原图时,要选择明暗对比较强烈的图片,才能达到较好的效果,读者也可以根据图片本身的特点调整此程序。

第 3 章

数 组

数组是处理大量数据的强大工具。本章介绍数组的定义及其在实际应用中的使用,帮助读者理解如何通过数组存储和操作多个数值或对象。学习数组不仅能够简化复杂的编程任务,还能使程序运行更高效。无论是管理图像数据,还是生成动态效果,数组都是不可或缺的编程技巧。

3.1 数组的定义

在编程中,数组是一种重要的数据结构,它允许以有序集合的形式存储多个相同类型的值。通过数组,可以高效地管理和操作大量数据。

数组由元素(Element)和索引(Index)组成。元素是存储在数组中的值,索引从 0 开始,依次递增,直到数组长度减 1。例如,一个包含 10 个元素的数组,它们的索引从 0 到 9。

要在 Java 中定义一个数组,首先需要声明数组的类型和名称,然后在方括号中指定数组的长度。接着使用 new 关键字为数组分配内存空间,如下:

```
int[] data;         //声明一个整型数组
data = new int[5];  //创建一个长度为 5 的整型数组
```

这里,data 是一个整型数组,它可以存储 5 个整数值。

下一步是初始化数组元素。

初始化数组元素时,可以逐个为每个元素赋值,也可以使用花括号初始化所有元素。例如:

```
int[] data = new int[5];   //创建长度为 5 的整型数组
data[0] = 10;              //第一个元素赋值为 10
data[1] = 20;              //第二个元素赋值为 20
data[2] = 30;              //第三个元素赋值为 30
data[3] = 40;              //第四个元素赋值为 40
```

```
data[4] = 50;                    //第五个元素赋值为 50
```

或者,使用简化的初始化方式:

```
int[] data = {10, 20, 30, 40, 50}; //直接初始化数组元素
```

也可以使用循环初始化数组元素。

当数组元素具有规律性时,可以使用循环语句来初始化。例如,初始化一个递增的数组:

```
int[] data = new int[10];        //创建长度为 10 的整型数组
for (int i = 0; i < data.length; i++) {
    data[i] = i * 2;             //每个元素的值为 i 的两倍
}
```

这样,数组 data 中的元素分别为 0,2,4,6,…,18。

3.2 数组的应用

在第 2 章的例子中,创建了一个可以从左到右移动的小球,用两个变量 x、y 来表示小球的位置。假设想要在屏幕上创建多个小球,那么可以使用两个数组来存储每个小球的位置,此外,再使用两个数组来表示小球的速度,代码如例 3-1 所示。

【例 3-1】 使用数组创建多个小球。

```
int numBalls = 10;
float[] ballX = new float[numBalls];       //存储每个小球的 X 坐标
float[] ballY = new float[numBalls];       //存储每个小球的 Y 坐标
float[] speedX = new float[numBalls];      //存储每个小球的水平速度
float[] speedY = new float[numBalls];      //存储每个小球的垂直速度

void setup() {
    size(600, 600);
    fill(0,0,255);
    for (int i = 0; i < numBalls; i++) {
        ballX[i] = random(width);          //初始化每个小球的随机 X 位置
        ballY[i] = random(height);         //初始化每个小球的随机 Y 位置
        speedX[i] = int(random(1, 4));     //随机水平速度
        speedY[i] = int(random(2, 5));     //随机垂直速度
    }
}

void draw() {
    background(255);
    for (int i = 0; i < numBalls; i++) {
        ellipse(ballX[i], ballY[i], 20, 20);//绘制每个小球
        ballX[i] += speedX[i];             //更新每个小球的 X 位置
```

```
        ballY[i] += speedY[i];           //更新每个小球的Y位置

        //碰到边界时反弹
        if (ballX[i] < 0 || ballX[i] > width) {
            speedX[i] * = -1;
        }
        if (ballY[i] < 0 || ballY[i] > height) {
            speedY[i] * = -1;
        }
    }
}
```

运行结果如图 3-1 所示。

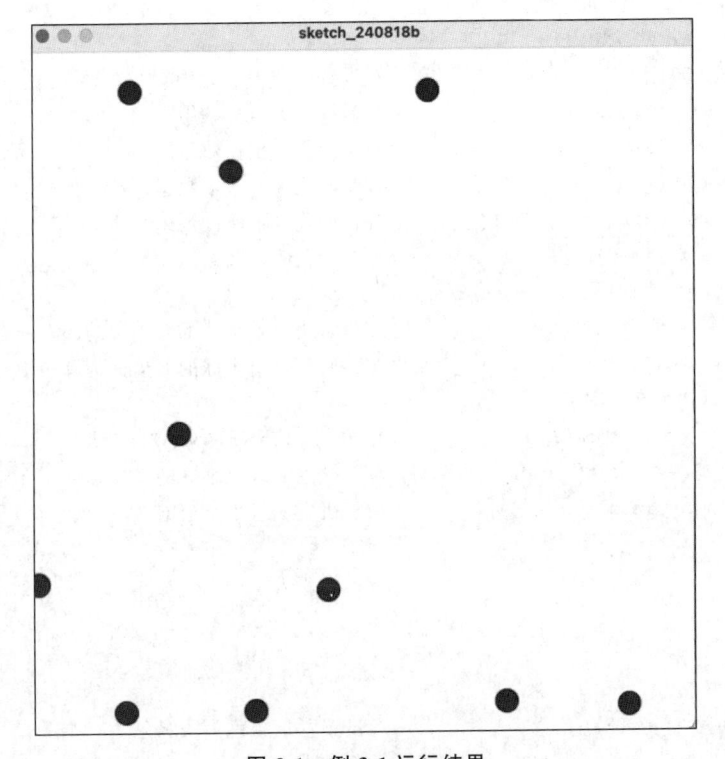

图 3-1　例 3-1 运行结果

这段代码演示了如何使用数组来管理多个小球的位置和移动。每个小球的位置和速度信息存储在不同的数组中,通过循环遍历数组来更新和绘制每个小球,同时实现了多个小球的运动效果。

```
if (ballX[i] < 0 || ballX[i] > width) {
        speedX[i] * = -1;
}
```

表示碰到左边界或者右边界,则反弹。实现原理是,当小球 X 位置小于 0 或者大于右边界时,速度变成反方向,通过速度在原来的基础上乘以 −1 可以实现这一目的。

数组能够高效地管理和操作多个数据,使程序更加模块化和可扩展。

在这个程序的基础上进行修改,让两个距离小于一定值的小球之间产生连线,可以实现一个有趣的动画效果,代码如例 3-2 所示。

【例 3-2】 在小球之间产生连线。

```processing
int num = 30;                                //定义小球的数量
float[] BallX;                               //定义一个浮点数组用于存储每个小球的 X 坐标
float[] BallY;                               //定义一个浮点数组用于存储每个小球的 Y 坐标
float[] SpeedX;                              //定义一个浮点数组用于存储每个小球的 X 轴速度
float[] SpeedY;                              //定义一个浮点数组用于存储每个小球的 Y 轴速度
color[] c;                                   //定义一个颜色数组用于存储每个小球的颜色
float r = 3;                                 //定义小球的半径

void setup() {
  size(800, 600);                            //设置画布大小为 800×600px
  BallX = new float[num];                    //初始化 X 坐标数组
  BallY = new float[num];                    //初始化 Y 坐标数组
  SpeedX = new float[num];                   //初始化 X 轴速度数组
  SpeedY = new float[num];                   //初始化 Y 轴速度数组
  c = new color[num];                        //初始化颜色数组
  for (int i = 0; i < num; i++) {            //遍历每个小球
    BallX[i] = width / 2;                    //初始化每个小球的 X 坐标为画布中心
    BallY[i] = height / 2;                   //初始化每个小球的 Y 坐标为画布中心
//随机生成每个小球的颜色
    c[i] = color(random(0, 255), random(0, 255), random(150, 255));
    SpeedX[i] = random(-5, 5);               //随机生成每个小球的 X 轴速度
    SpeedY[i] = random(-5, 5);               //随机生成每个小球的 Y 轴速度
  }
  noStroke();                                //取消描边
}

void draw() {
  background(#D3E3DE);                       //设置背景颜色为淡绿色
  for (int i = 0; i < num; i++) {            //遍历每个小球
    BallX[i] += SpeedX[i];                   //更新每个小球的 X 坐标
    if (BallX[i] - r < 0 || BallX[i] + r > width) { //如果小球碰到左右边界
      SpeedX[i] *= -1;                       //反转 X 轴速度
    }
    BallY[i] += SpeedY[i];                   //更新每个小球的 Y 坐标
    if (BallY[i] - r < 0 || BallY[i] + r > height) { //如果小球碰到上下边界
      SpeedY[i] *= -1;                       //反转 Y 轴速度
    }
  }

  for (int i = 0; i < num; i++) {            //遍历每个小球
```

```
        fill(c[i]);                               //设置填充颜色为小球的颜色
        noStroke();                               //取消描边
        ellipse(BallX[i], BallY[i], r * 2, r * 2);   //绘制小球
    }
//外层 for 循环,从第一个球开始遍历所有的球
    for (int i = 0; i < num; i++) {
//内层 for 循环,从当前球的下一个球开始遍历,避免重复检查
for (int j = i + 1; j < num; j++) {
//计算球 i 和球 j 之间的距离,如果小于 150,则执行下面的代码
        if (dist(BallX[i], BallY[i], BallX[j], BallY[j]) < 150) {
            stroke(#4E8B00);                     //设置线条颜色为绿色(#4E8B00)
//画一条从球 i 到球 j 的线
            line(BallX[i], BallY[i], BallX[j], BallY[j]);
        }
    }
   }
}
```

运行结果如图 3-2 所示。

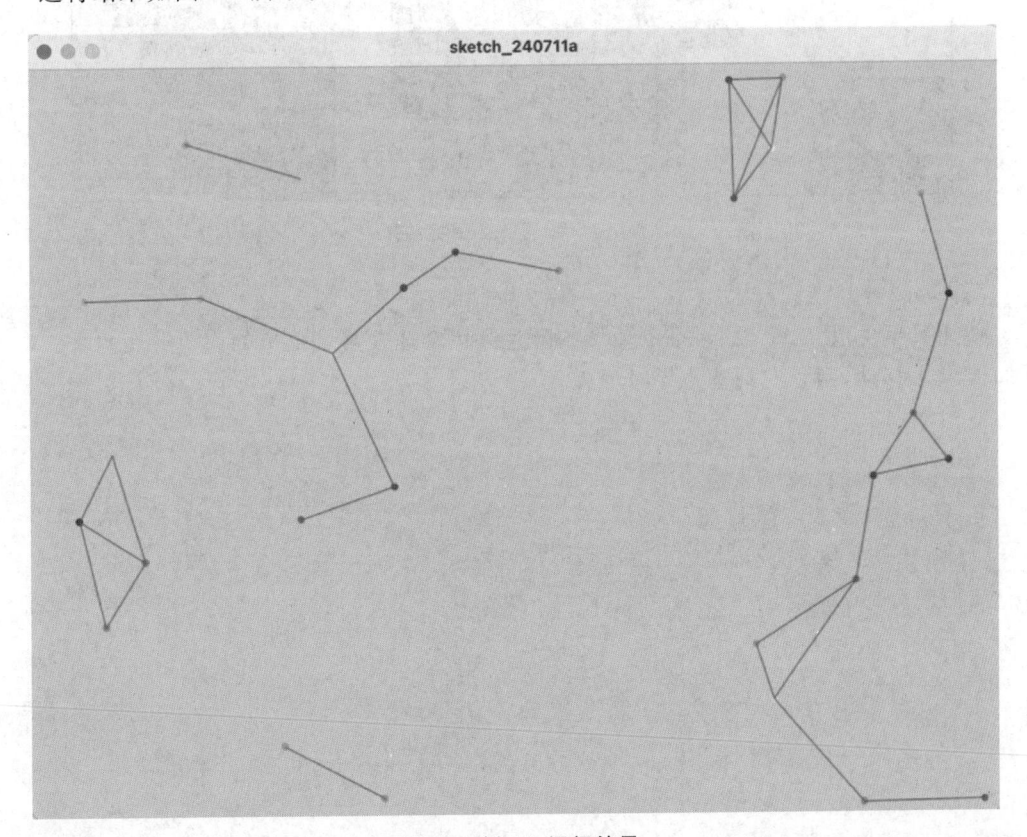

图 3-2 例 3-2 运行结果

读者可以在此基础上进行创作,例如,改变连线的条件,改变线条的粗细,改变小球的数量等,都会得到很有意思的结果。

练习 3.1：

利用数组，在屏幕上生成多个大小、颜色不同的矩形，结果如图 3-3 所示，读者也可以使用不同的颜色和大小，与图 3-3 相似即可。

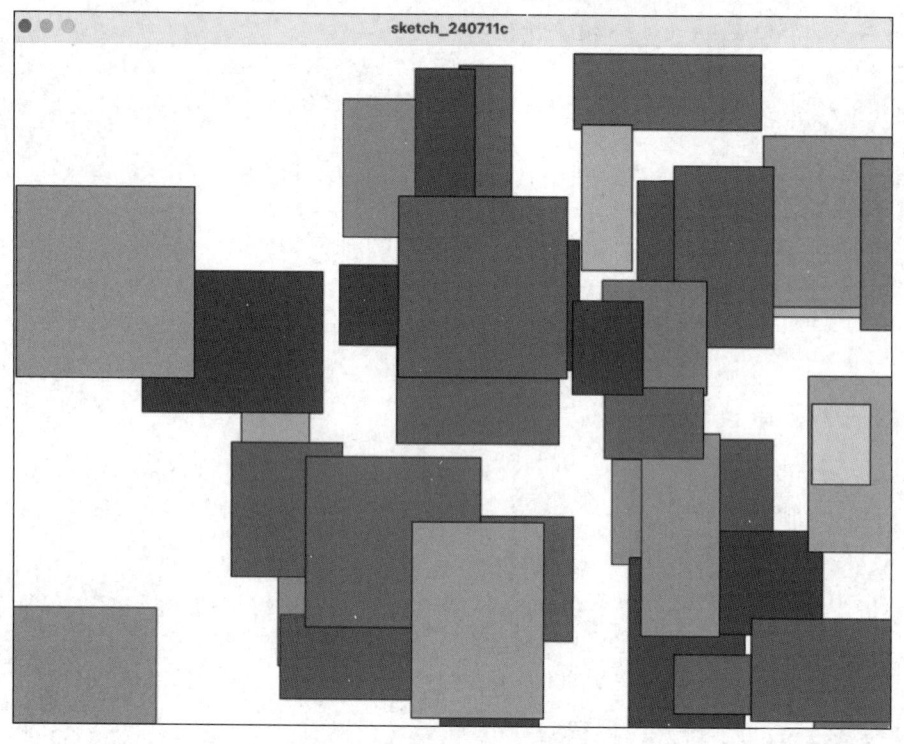

图 3-3　练习 3.1 目标结果

练习 3.2：

使用数组生成 20 个矩形，每个矩形的颜色和运动速度都是随机的。矩形在水平方向和垂直方向上移动，当它们到达边界时反弹。

第 4 章

函 数

函数是将代码逻辑进行模块化的关键概念。本章将介绍无返回值和有返回值函数的定义及其应用,帮助读者理解如何通过函数提高代码的可读性和复用性。函数的使用能够使代码结构更加清晰,降低错误发生的概率,并让程序更易于维护。通过学习函数,读者能够将复杂的任务分解为小的可管理单元。

4.1 无返回值函数的定义

首先介绍无返回值的函数,其定义形式如下。

```
//无返回值的函数
void 函数名(参数类型 参数名) {
    //函数体
}
```

函数的名字,可以自己指定,由于此函数没有返回值,函数名前面用 void 来定义。括号里面的叫作参数,需要指定参数的类型和名称。

例如,可以定义一个打印一行星号的函数,代码如例 4-1 所示。

【例 4-1】 定义 PrintStars 函数。

```
void PrintStars(int count) {
    for (int i = 0; i < count; i++) {
        print(" * ");     //打印 count 个星号
    }
    println();            //换行
}
```

这里,PrintStars 函数没有返回值,其参数 count 指定打印星号的个数。这个变量被称为形参。在函数调用时,实际传递给参数的值称为实参。

在上面的函数前面加入如下代码,运行结果如图 4-1 所示。

```
void setup(){
    PrintStars(10);
    PrintStars(15);
}
```

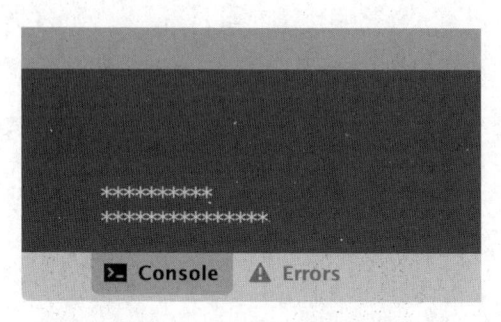

图 4-1　调用 PrintStars 函数后的运行结果

注意,这里定义了一个函数之后,必须调用它,函数体的内容才会被执行。在调用函数时,必须指定具体的数值,如这里的 10、15 叫作实参。实参指定了在执行时,具体打印多少个星号。

下面再尝试使用两个参数,代码如例 4-2 所示。

【例 4-2】　打印字符函数。

```
void setup(){
  PrintChars(10,'a');
  PrintChars(20,'Y');
}

void PrintChars(int count, char c) {
    for (int i = 0; i < count; i++) {
       print(c);      //打印 count 个 number
    }
    println();        //换行
}
```

运行结果如图 4-2 所示。

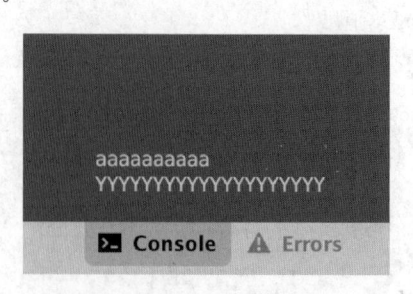

图 4-2　例 4-2 运行结果

当在 setup 里调用 PrintChars 函数时，参数要和函数定义中的形参对应上，即要传入两个参数，第一个是 int 类型，第二个是 char 类型。函数将把这个 char 类型的字母打印 count 次。

4.2 无返回值函数的应用

下面一个例子将绘制一组半径规律变化的同心圆，用到了 sin 函数，sin 函数将在后面的章节学习，这里只需要知道，用 sin 生成一个从 −1 到 1 周期变化的数即可，代码如例 4-3 所示。

【例 4-3】 绘制彩色同心圆。

```
void setup() {
  size(500, 500);              //设置画布大小为 500×500px
  colorMode(HSB);              //设置颜色模式为 HSB(色相、饱和度、亮度)
}

void draw() {
  background(0);               //设置背景色为黑色
  float x = mouseX;            //设置 x 为鼠标的 x 值
  float y = mouseY;            //设置 y 为鼠标的 y 值
//动态计算半径，形成动画效果
  float radius = sin(frameCount * 0.01) * 100 + 100;
  drawGradientCircle(x, y, radius);   //调用函数
}

//定义函数，有三个参数，分别是位置的 x、y 值和半径 radius
void drawGradientCircle(float x, float y, float radius) {
  //从大到小绘制一系列圆形，以形成渐变效果
  for (float i = radius; i > 0; i -= 3) {
    //根据圆形的半径计算色相值
    float hue = map(i, 0, radius, 0, 255);
    noStroke();
    fill(hue, 200, 255);       //填充颜色
    ellipse(x, y, i * 2, i * 2);  //绘制圆形
  }
}
```

运行结果如图 4-3 所示。

下面一个例子将绘制 10 条随机的鱼，代码如例 4-4 所示。

【例 4-4】 绘制 10 条随机的鱼。

```
void setup() {
  size(1000, 800);             //设置窗口大小为 1000×800px
  background(255);             //设置背景色为白色
  noStroke();                  //不绘制边框
  for (int i = 0; i < 10; i++) {
```

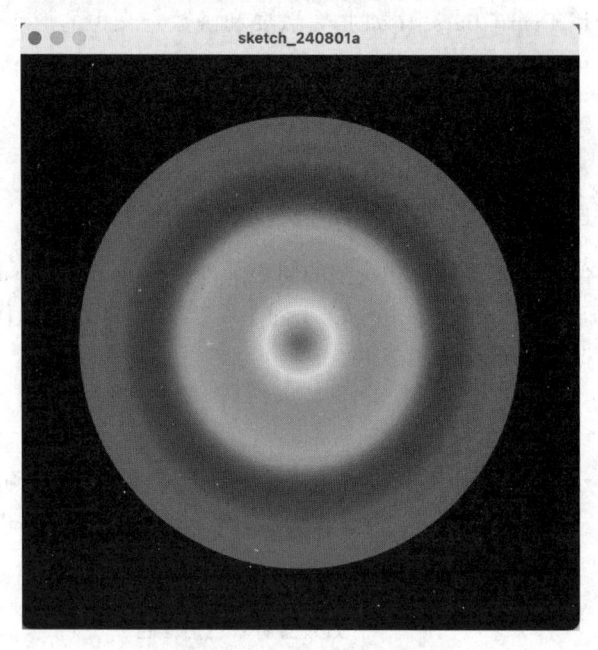

图 4-3 例 4-3 运行结果

```
//生成随机颜色
color col = color(random(255), random(255), random(255));
//在随机位置绘制鱼
    drawFish(random(width), random(height), col);
  }
}

//定义函数,在位置(x, y)处绘制一条颜色为 c 的鱼
void drawFish(float x, float y, color c) {
  pushMatrix();                    //保存当前矩阵状态
  translate(x, y);                 //将坐标系统原点移动到(x, y)
  stroke(0);                       //设置边框颜色为黑色
  fill(c);                         //设置填充颜色为传入的颜色

  //绘制鱼的身体
  triangle(-16,0,14,-12,14,12);    //绘制鱼的尾巴
  triangle(-60, 0, 0, -40, 0, 40); //绘制鱼的身体

  fill(255);                       //设置填充颜色为白色
  ellipse(-30, -4, 10, 10);        //绘制鱼的眼睛
  popMatrix();                     //恢复之前保存的矩阵状态
}
```

其运行结果如图 4-4 所示。

在这个例子中,translate(x,y)函数可以将原点(0,0)的定义从默认的画布左上角移动到画布的(x,y)位置。在本例中,配合使用了 pushMatrix()和 popMatrix()函数来实现这一变换。

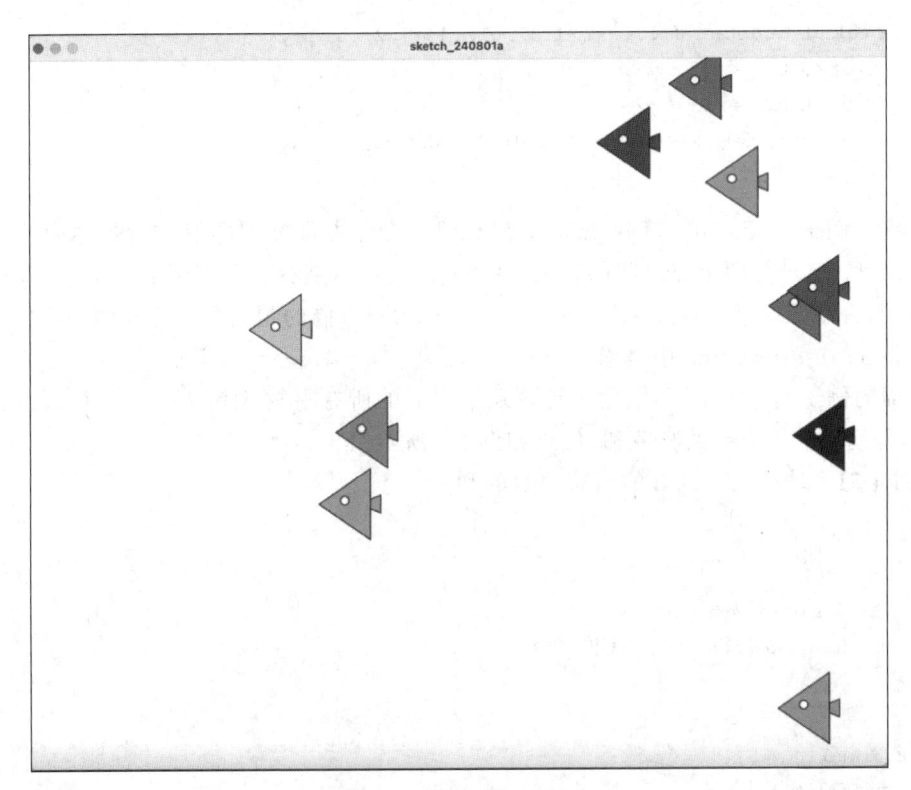

图 4-4 例 4-4 运行结果

  pushMatrix()函数的作用是创建一个临时坐标系,通过 translate(x,y)将原点移动到 (x,y)。在这个临时坐标系中,以(x,y)为原点绘制鱼,以便计算鱼的各个顶点的坐标。

  popMatrix()函数则恢复到之前保存的坐标系,即原点恢复到(0,0)。这样可以确保在 pushMatrix()和 popMatrix()之间的变换不会影响全局的坐标系统或其他绘制操作。

  使用 pushMatrix()和 popMatrix()的目的是确保在绘制鱼时,仅对当前鱼的绘制应用坐标变换(如移动),而不影响其他鱼或画布上的其他绘制操作。这样可以避免变换对其他图形的干扰,确保每条鱼在其独立的位置上正确显示。

4.3 有返回值函数的定义和应用

  下面来看有返回值的函数,其定义方式如下。

```
返回类型 函数名(参数类型 参数名){
    //函数体
    return 返回值;
}
```

  在函数名的前面需要指定函数的返回类型,如 int、float 等。函数体的最后要有关键字 return,后面需要跟一个值。

  下面是一个计算两个点之间距离的函数。

```
float CalculateDistance(float x1, float y1, float x2, float y2) {
    float deltaX = x1 - x2;
    float deltaY = y1 - y2;
    return sqrt(deltaX * deltaX + deltaY * deltaY);
}
```

在这个例子中，CalculateDistance 函数返回一个浮点数类型的值。函数体内使用参数 x1、y1、x2 和 y2 计算两个点之间的距离，并通过 return 关键字返回计算结果，这个结果必须是浮点型，否则会报错。具体来讲，两个点的距离为 x 方向的距离和 y 方向的距离的平方和再开方，sqrt 在 Processing 中是求平方根的函数。

下面的例子编写一个函数，用于计算从 1 到 n 的所有整数的和。这个函数将接收一个参数 n，并返回计算得到的整数和，代码如例 4-5 所示。

【例 4-5】 计算从 1 到 n 的所有整数的和。

```
//调用函数
void setup() {
    int result = sumOfAll(100);
    println(result);        //输出 5050
}


//定义函数
int sumOfAll(int n) {
    int sum = 0;
    for (int i = 1; i <= n; i++) {
        sum += i;
    }
    return sum;
}
```

在上述代码中，sumOfAll 函数接收一个整数参数 n，并返回从 1 到 n 的所有整数的和。这个函数中利用了变量 sum，在循环中，i 的值从 1 遍历到 n，每遍历一次，都把这个数加在 sum 之上，最后 sum 为 1～n 所有数的和，这个和是一个 int 类型的数，返回这个数。在 setup 函数中，调用 sumOfAll 函数并输出结果。

练习 4.1：
编写一个函数来计算两个点之间的斜率。这个函数将接收 4 个参数，分别是两个点的 x 和 y 坐标，并返回计算得到的斜率。

练习 4.2：
编写一个函数 boolean isPrime(int number)，该函数接收一个整数作为参数，如果这个整数是质数，就返回 true，否则返回 false。

练习 4.3：
编写一个函数 float average(float[] numbers)，该函数接收一个浮点数数组作为参数，返回数组中所有数的平均值。

第 5 章

类与面向对象编程

面向对象编程(Object-Oriented Programming,OOP)是一种强大的编程范式,它使程序能够通过对象的交互来实现更复杂的功能。本章将详细讲解如何定义类,创建对象,并应用 OOP 思想解决实际问题。掌握 OOP 不仅可以提高程序的组织性,还能帮助读者更好地理解现实世界的建模方式。在创意编程中,OOP 非常适用于管理复杂的视觉元素和动态交互。

5.1 如何定义一个类

在学习了函数之后,学习另一个重要概念:类和面向对象编程。下面先通过一个简单的例子来初步了解类。先来思考如何让程序定义一个"人"类。一个类可以包括数据和函数。例如,对于一个"人"类,可以定义以下数据。
- 身高;
- 体重;
- 性别;
- 眼睛颜色;
- 头发颜色。

这些数据描述了一个人的特征。

一个类也包含一些行为,例如,"人"类可能包含以下行为。
- 睡觉;
- 醒来;
- 吃东西;
- 跑步;
- 打球。

可以将这些行为定义为函数。

类(Class)是面向对象编程中的一个重要概念。可以把类看作一张蓝图或一个模板,用来创建具有相同属性和行为的对象(如人类就具有某些相同的属性和行为)。就像设计师用蓝图建造房子一样,程序员用类来创建对象。

属性(Attributes)是类中定义的变量,用来存储对象的状态或特征。属性也叫作成员变量。例如,一个表示点的类可以有 x 坐标和 y 坐标两个属性,一个表示人的类可以有身高、性别、体重等属性。

方法(Methods)是类中定义的函数,用来描述对象的行为或功能。方法可以改变对象的属性,或者实现特定的功能。例如,表示点的类可以有方法来设置点的位置、移动点或计算点与点之间的距离。

构造函数(Constructor)是一种特殊的方法,用来初始化对象。构造函数在创建对象时自动调用,通常用于设置对象的初始状态。

来看一个表示点(Point)的简单类,它有两个属性(x 和 y 坐标)和一些方法(设置位置、移动和计算距离),代码如例 5-1 所示。

【例 5-1】 Point 类的定义。

```
class Point {
    //属性:x 和 y 坐标
    int x, y;

    //构造函数:初始化 Point 对象
    Point(int x, int y) {
        this.x = x;
        this.y = y;
    }

    //方法:设置点的新位置
    void setLocation(int x, int y) {
        this.x = x;
        this.y = y;
    }

    //方法:将点移动指定的距离
    void translate(int dx, int dy) {
        this.x += dx;
        this.y += dy;
    }

    //方法:计算当前点与另一个点之间的距离
    float distance(Point p) {
        return sqrt(pow(this.x - p.x, 2) + pow(this.y - p.y, 2));
    }

    //方法:绘制点
```

```
    void draw() {
        ellipse(this.x, this.y, 10, 10);    //画一个直径为 10 的圆
    }
}

Point p1, p2;                               //声明 Point 类的两个对象 p1、p2

void setup() {
    size(400, 400);
    p1 = new Point(50, 50);                 //创建 p1
    p2 = new Point(150, 150);               //创建 p2

    println("点 p1 的坐标是: (" + p1.x + ", " + p1.y + ")");
    println("点 p2 的坐标是: (" + p2.x + ", " + p2.y + ")");

    println("点 p1 和 p2 之间的距离是: " + p1.distance(p2));

    p1.translate(5, 5);
    println("点 p1 移动后的坐标是: (" + p1.x + ", " + p1.y + ")");

    p2.setLocation(200, 200);
    println("点 p2 设置新坐标后的位置是: (" + p2.x + ", " + p2.y + ")");
}

void draw() {
    background(255);
    p1.draw();
    p2.draw();
}
```

类(Class)和对象(Object)是面向对象编程中的两个核心概念。在上面的例子中，Point是一个类，而 p1、p2 都是对象。理解它们的区别和关系有助于更好地掌握编程。类是一个模板或蓝图，用于定义对象的属性和行为，类本身不占用内存，它只是定义了对象应该具备的特征和功能，例如，"点"这个类或"人"这个类，没有指向具体的某个点或者某个人。对象是类的实例，通过类创建的具体存在，对象占用内存，是存储在内存中的实际数据。对象有状态(属性的值)和行为(可以调用的方法)。创建对象时，类的构造函数会被调用，初始化对象的属性。例如，此例中的对象 p1、p2 都是具体的点，有具体的状态和行为。在"人"这个类中，对象是像张三、李四这样的具体的某个人。

此程序中的 this 指当前对象，是可以省略的，初学者会发现这里比较难理解，可以把它理解为语法的规定，当深入学习之后会有更深的体会。此外，在创建对象时，要参考构造函数是否有参数，以及参数的个数。创建时输入的参数个数和类型必须与之对应，例如，构造函数 Point(int x, int y)有两个参数，在创建对象 p1、p2 时，需要传入两个坐标值，例如 p1 = new Point(50, 50)。

再来定义一个简单的 Person 类，代码如例 5-2 所示。

【例 5-2】 Person 类的定义。

```
class Person {
    //属性
    float height;
    float weight;
    String gender;
    String eyeColor;
    String hairColor;

    //构造函数
    Person(float height, float weight, String gender, String eyeColor, String hairColor) {
        this.height = height;
        this.weight = weight;
        this.gender = gender;
        this.eyeColor = eyeColor;
        this.hairColor = hairColor;
    }

    //方法
    void sleep() {
        println("Sleeping");
    }
    void wakeUp() {
        println("Waking up");
    }
    void eat() {
        println("Eating");
    }
    void run() {
        println("Running");
    }
    void play() {
        println("Playing");
    }
}
```

在这个 Person 类中，构造函数有 5 个参数：height、weight、gender、eyeColor 和 hairColor。这些参数在创建 Person 对象时传入，并用于初始化该对象的属性。读者也可以尝试改写此构造函数，可以让它有 0 个参数，或者 4 个参数，那么在创建对象时，则需要传入不同个数的参数。

构造函数的具体工作如下。

Person(float height，float weight，String gender，String eyeColor，String hairColor)：这是构造函数的声明。

this.height = height;;这里的this.height表示类的属性,而右边的height表示传入的参数。通过this关键字,可以区分类的属性和参数。此行代码将传入的height参数值赋给类的height属性。this关键字可以省略。

类似地,其他属性(weight、gender、eyeColor和hairColor)也被初始化为传入的参数值。

通过这种方式,创建一个Person类的对象时,可以立即设置其属性值。例如:

```
Person person = new Person(160.0, 60.0, "Female", "Brown", "Black");
```

这行代码创建了一个叫作person的对象,并将其属性初始化为height为160.0、weight为60.0、gender为"Female"、eyeColor为"Brown"和hairColor为"Black"。

接下来,将在setup函数里创建一个Person类的实例,并调用其方法,代码如例5-3所示。

【例5-3】 使用Person类。

```
void setup() {
    Person person = new Person(170.0, 65.0, "Male", "Brown", "Black");
    person.sleep();
    person.wakeUp();
    person.eat();
    person.run();
    person.play();
}
```

运行结果如图5-1所示。

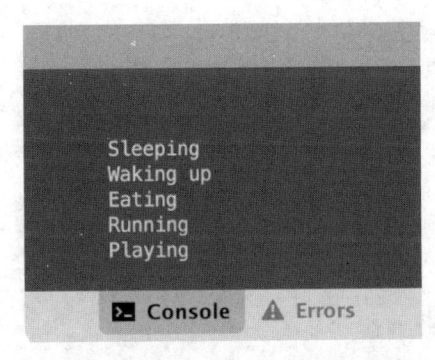

图 5-1 使用 Person 类的运行结果

上述代码调用了Person类的方法,将在Console中打印出定义在sleep()、wakeUp()等方法里面定义的语句。

5.2 类的应用

改写前面在数组中写的小球的程序,通过定义Ball类,可以将每个小球的属性和行为封装在一个类中。

带有详细注释的代码如例5-4所示。

【例 5-4】 定义 Ball 类。

```
int num = 30;                                    //定义小球数量
Ball[] balls = new Ball[num];                    //创建 Ball 对象数组,用于存储所有的小球

void setup() {
  size(800, 600);                                //设置窗口大小为 800×600px
  for (int i = 0; i < num; i++) {
    balls[i] = new Ball();                       //初始化每个 Ball 对象
  }
}

void draw() {
  background(#F0D1BF);                           //设置背景颜色
  for (int i = 0; i < num; i++) {
    balls[i].display();                          //显示每个小球
    balls[i].move();                             //更新每个小球的位置
  }
  //检查每对小球之间的距离,并绘制连线
  for (int i = 0; i < num; i++) {
    for (int j = 0; j < i; j++) {
      balls[i].connect(balls[j]);                //连接距离小于 150 的球
    }
  }
}

//定义 Ball 类,表示一个小球
class Ball {
  float x;                                       //小球的 x 坐标
  float y;                                       //小球的 y 坐标
  float xSpeed;                                  //小球在 x 轴上的速度
  float ySpeed;                                  //小球在 y 轴上的速度
  color c;                                       //小球的颜色

  //构造函数,初始化小球的属性
  Ball() {
    x = random(width);                           //随机设置小球的初始 x 坐标
    y = random(height);                          //随机设置小球的初始 y 坐标
    xSpeed = random(-3, 3);                      //随机设置小球在 x 轴上的速度
    ySpeed = random(-3, 3);                      //随机设置小球在 y 轴上的速度
    c = color(random(255), random(255), random(255));  //随机设置小球的颜色
  }

  //更新小球的位置
  void move() {
    x += xSpeed;                                 //更新小球的 x 坐标
```

```
    if (x < 0 || x >= width) {
      xSpeed *= -1;                     //如果小球碰到左右边界,则反转速度
    }
    y += ySpeed;                        //更新小球的 y 坐标
    if (y < 0 || y >= height) {
      ySpeed *= -1;                     //如果小球碰到上下边界,则反转速度
    }
  }

  //显示小球
  void display() {
    fill(c);                            //设置填充颜色为小球的颜色
    ellipse(x, y, 10, 10);              //绘制小球
  }

  //如果两个小球之间的距离小于 150,则连接它们
  void connect(Ball other) {
    if (dist(x, y, other.x, other.y) < 150) {
      line(x, y, other.x, other.y);     //绘制一条连接两个小球的线
    }
  }
}
```

5.3　PImage 类的使用

在 Processing 中,PImage 类是一个已经定义好的类,表示一张图片。读者可以通过以下属性和方法操作图片。

1. 属性
- width：图片宽度。
- height：图片高度。
- pixels[]：像素数组,存储每个像素的颜色值。

2. 方法
- loadPixels()：加载像素数组。
- updatePixels()：更新像素数组。
- get(x, y)：获取(x, y)位置的颜色值。
- set(x, y, color)：设置(x, y)位置的颜色值。
- filter()：应用滤镜。
- save()：保存图片。

其中的 pixels[]为像素数组,存储每个像素的颜色值。假如有一个非常小的图片,如图 5-2 所示,3 行×4 列,共 12 个像素,那么这个数组的长度就是 12,并且每个像素的颜色都存储在这个 pixels 数组中,索引值为 0~11,如图 5-2 所示。

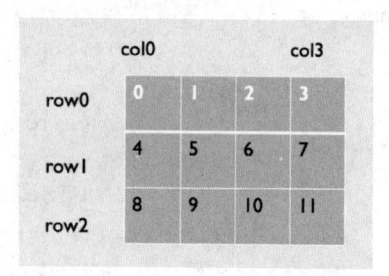

图 5-2 pixels 数组存储图片的方式

可以通过例 5-5 的代码逐像素地修改图片。

【例 5-5】 对图片取反色。

```
PImage img;

void setup() {
    size(400, 400);
    img = loadImage("image.jpg");
    img.loadPixels();
//逐像素修改颜色
//img.pixels.length 返回数组的长度
    for (int i = 0; i < img.pixels.length; i++) {
        color c = img.pixels[i];
        img.pixels[i] = color(255 - red(c), 255 - green(c), 255 - blue(c));
    }
    img.updatePixels();
    image(img, 0, 0);
}
```

运行结果如图 5-3 所示。

在上述代码中,加载了一张图片,并逐像素地反转其颜色。

也可以修改上面的代码,如只对红色像素反转颜色,img.pixels[i]=color(255－red(c),green(c),blue(c))。读者可以灵活修改,将得到不一样的结果。

下面的例子使用 PImage 类提供的 filter 和 tint 方法来对图片进行创作,一部分被注释的代码可以通过删除"//"取消注释,请读者尝试这种效果,代码如例 5-6 所示。

【例 5-6】 使用 PImage 类的 filter 和 tint 方法。

```
PImage img;
void setup(){
  size(640,360);
  img = loadImage("flower.png");    //替换成自己的图片,记得拖曳进工作区
  img.filter(INVERT);
  //img.filter(BLUR,20);
}
void draw(){
 background(50);
```

图 5-3 例 5-5 运行结果

```
//tint(255,0,0);
//tint(0, 153, 204);   //tint blue
image(img,0,0,640,360);
//image(img,0,0,mouseX,mouseY);
}
```

运行结果如图 5-4 所示。

图 5-4 例 5-6 运行结果

类和面向对象编程是编程中非常重要的概念。通过定义类和使用对象,可以使代码更清晰、模块化。虽然类的概念相对复杂,但通过不断地练习和学习,可以逐步掌握其使用方法。

练习 5.1:

创建一个表示矩形的类 Rectangle,包含属性 x、y、width 和 height,并添加一个方法 drawRect()用于绘制矩形。然后在 Rectangle 类中添加一个方法 move(int dx,int dy),用于移动矩形。在 setup 函数中创建 10 个 Rectangle 类的对象。

练习 5.2:

创建一个表示圆的类 Circle,在 setup()中创建多个 Circle 对象,并在 draw()中绘制它们。要求:

(1) 定义类 Circle,包含属性 x、y 和 radius。
(2) 编写构造函数初始化这些属性。
(3) 添加 drawCircle()方法,使用 ellipse()函数绘制圆。
(4) 在 setup()中创建多个 Circle 对象,存储在数组中。
(5) 在 draw()中绘制这些圆。

第 6 章

三角函数

本章讲解了三角函数及其在 Processing 中的应用,特别是如何使用它们创建复杂的几何图形和动态效果。三角函数是制作循环动画和几何变换的重要工具,能够帮助读者生成流畅的运动和优美的曲线。通过学习三角函数的应用,读者可以将自己的创作提升到一个新的层次,掌握在时间和空间中操控图形的技巧。

6.1 三角函数的基础知识

在学习 Processing 时,了解和应用三角函数能够帮助处理旋转、波形和周期运动等。三角函数在图形和动画的创建中非常常用。下面将介绍三角函数的一些基本知识,并结合 Processing 的应用实例来说明。

6.1.1 三角函数的基本概念

三角函数主要包括正弦函数(sine)、余弦函数(cosine)和正切函数(tangent)。在一个单位圆中,给定一个角度 θ:

- 正弦值($\sin(\theta)$)是该角度在 y 轴上的投影。
- 余弦值($\cos(\theta)$)是该角度在 x 轴上的投影。

如图 6-1 所示,单位圆是一个半径为 1 的圆,在单位圆上,角度 θ 对应的点的坐标可以表示为 $(\cos(\theta),\sin(\theta))$。

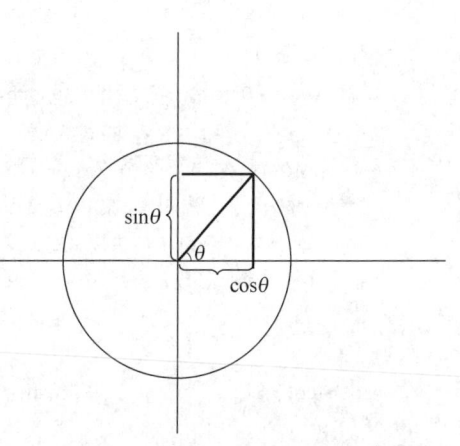

图 6-1 单位圆上的三角函数

6.1.2 角度制和弧度制

角度制是日常生活中最常见的角度表示方法。它将一个完整的圆分为 360°，每度表示 1/360 的圆周。360° 表示一个完整的圆，90° 表示一个直角扇形，180° 表示半个圆。

弧度制是角度的另一种表示方法，主要用于数学和科学领域。一个完整的圆被分为 2π 弧度，每弧度表示圆周长的 $1/(2\pi)$ 部分，在 Processing 中用 TWO_PI 表示 2π。弧度制的优点是与圆的几何性质紧密相关，在涉及三角函数和微积分时非常方便。2π 弧度表示一个完整的圆，π 弧度表示半个圆。$\pi/2$ 弧度表示一个直角。

角度制和弧度制之间有一个简单的转换关系：角度＝弧度×180/π，在 Processing 中可以用 degrees(i) 将弧度转换为角度。弧度＝角度×π/180，在 Processing 中，radians(i) 将角度转换为弧度。

6.1.3 三角函数图像

通过在不同的 x 值处计算 $\sin(x)$ 和 $\cos(x)$ 的值，可以绘制出正弦曲线和余弦曲线。它们分别表示 $y=\sin(x)$ 和 $y=\cos(x)$ 的图像，代码如例 6-1 所示。

【例 6-1】 绘制正弦波。

```
void setup() {
  size(800, 400);          //设置画布大小为 800×400px
}

void draw() {
  background(255);         //设置背景颜色为白色
  stroke(0);               //设置画笔颜色为黑色
  noFill();                //取消填充

  beginShape();            //开始定义形状
  //循环从 x = 0 开始,一直到 x < width,每次循环 x 增加 1
  for (float x = 0; x < width; x += 1) {
  //计算 y 坐标,使用正弦函数来生成波浪形曲线
  //height/2 是垂直居中位置,100 是振幅
  //TWO_PI * x / width 是角度,表示一个周期的分布
    float y = height/2 + 100 * sin(TWO_PI * x / width);
    vertex(x, y);          //定义形状的一个顶点
  }
  endShape();              //结束定义形状
}
```

运行结果如图 6-2 所示。

其中需要注意的是，TWO_PI * x/width 将 x 值转换为从 0 到 2π 的角度范围，表示正弦波的一个周期。这是因为 TWO_PI 代表一个完整的正弦波周期(360° 或 2π 弧度)。

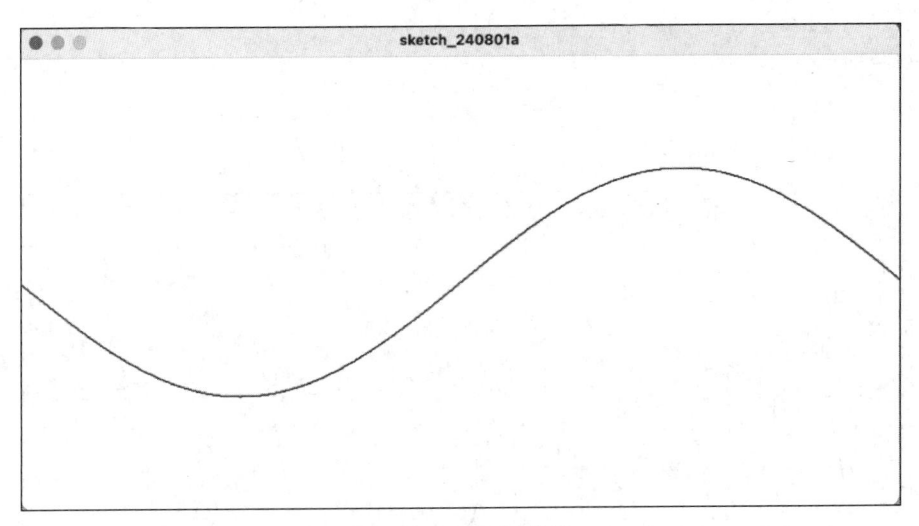

图 6-2 绘制正弦曲线

6.1.4 频率和振幅

频率指的是波在单位时间内振动的次数。对于一个周期性波形,如正弦波和余弦波,频率决定了波形的紧密程度。振幅指的是波的最大偏移量,即波峰或波谷离平衡位置的距离。振幅决定了波形的高度。

$$y = A\sin(Bx + C)$$

其中,A 是振幅,B 与频率相关,$B = 2\pi f$,C 是相位偏移。

在下面的例子中,读者可以通过自己改变变量 freq 和 amp 的值,观察图像的变化,代码如例 6-2 所示。

【例 6-2】 绘制不同频率和振幅的正弦波。

```
float freq = 0.05;    //频率因子
float amp = 100;      //振幅

void setup() {
  size(800, 400);
}

void draw() {
  background(255);
  stroke(0);
  noFill();
  
  beginShape();
  for (float x = 0; x < width; x++) {
    float y = height / 2 + sin(x * freq) * amp;
    vertex(x, y);
```

```
        }
        endShape();
}
```

运行结果如图 6-3 所示。

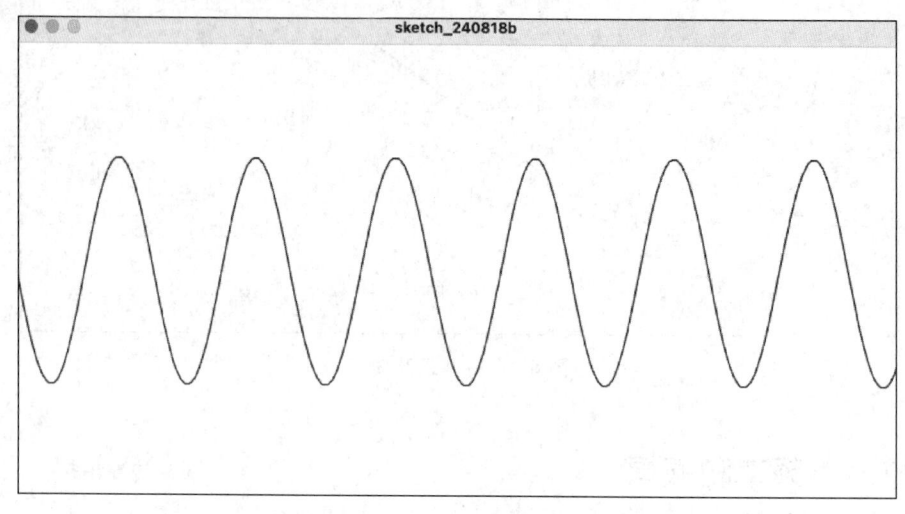

图 6-3 例 6-2 运行结果

6.1.5 极坐标表示

极坐标系统使用一个距离(半径 r)和一个角度(θ)来描述点的位置。

当设定一个小球围绕中心点(x,y)做圆周运动时,可以用参数方程来计算小球在圆周上的任意点的坐标。如图 6-4 所示,假设圆心的坐标为(x,y),半径为 r,小球的位置用 θ 表示当前角度,那么,小球在圆周上的坐标(xp,yp)可以表示为

$xp = x + r \cdot \cos(\theta)$
$yp = y + r \cdot \sin(\theta)$

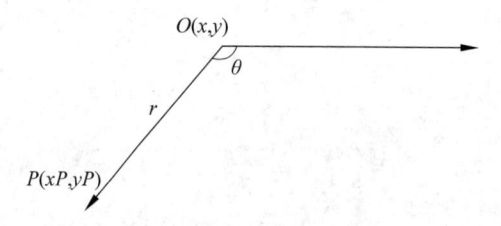

图 6-4 圆心为 O,点 P 是圆周上的点

通过下面的例子让小球做圆周运动,并且可以让整个窗口做圆周运动,这将是一个比较有趣的尝试,代码如例 6-3 所示。

【例 6-3】 绘制做圆周运动的小球。

```
float angle = 0;              //初始化角度变量,用于控制圆周运动
float radius = 150;           //初始化半径变量,决定圆周运动的半径
```

```
void setup() {
  size(800, 800);                    //设置画布大小为 800×800px
  noStroke();                        //取消边框绘制
}

void draw() {
  background(255);                   //设置背景颜色为白色

  //计算圆周运动的当前 x 坐标
  float x = width/2 + radius * cos(angle);
  //计算圆周运动的当前 y 坐标
  float y = height/2 + radius * sin(angle);

  fill(255,0,0); //设置填充颜色为红色
  //在计算出的坐标位置绘制一个直径为 20px 的圆
  ellipse(x, y, 20, 20);
  surface.setLocation(int(x), int(y));   //将窗口的位置设置为圆的位置

  angle += 0.05;                     //增加角度,使圆周运动持续进行
}
```

6.2 三角函数的应用

在下面的例子中将会产生多个小球,并让这些小球做圆周运动,这一次,将使用一种新的方法去定义圆周运动,代码如例 6-4 所示。

【例 6-4】 产生一个圆周的多个小球。

```
float angle = 0;                     //初始化角度变量,用于控制旋转

void setup() {
  size(800, 800);                    //设置画布大小为 800×800px
  strokeWeight(10);                  //设置描边的粗细为 10px
}

void draw() {
  background(#D6D4D1);               //设置背景颜色为#D6D4D1(浅灰色)
  translate(width / 2, height / 2);  //将原点(0,0)移动到画布中心
  //循环从 0°到 360°,每次增加 10°,绘制一圆点,共有 360/10 个
  for (int i = 0; i < 360; i += 10) {
  //计算当前角度对应的 x 坐标,radians(i)将角度转换为弧度
  float x = 200 * cos(radians(i) + angle);
    //计算当前角度对应的 y 坐标
    float y = 200 * sin(radians(i) + angle);
```

```
    stroke(0, 255, 255);              //设置描边颜色为青色(0, 255, 255)
    point(x, y);                      //在计算出的坐标位置绘制一个点
  }
  angle += 0.01;                      //增加角度,使点的旋转效果持续进行
}
```

运行结果如图 6-5 所示。

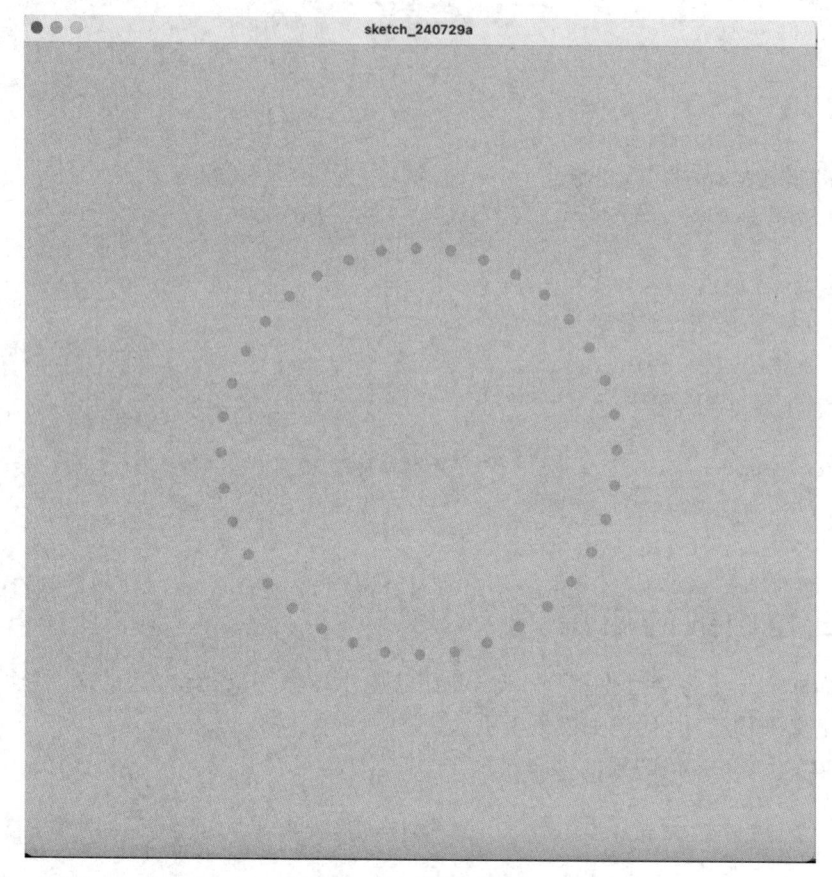

图 6-5 例 6-4 运行结果

translate(x,y)函数可以将原点(0,0)的定义,从默认的画布左上角移动到画布的(x,y)位置。使用 translate 函数后,所有后续绘图操作的坐标系都会以新原点(画布中心)为基准。例如,使用 translate(width/2,height/2)后,在原点(0,0)绘制一个点,它实际上会出现在画布的中心。

下面一个案例,也是三角函数的应用,通过坐标公式绘制了一个逐渐扩展的螺旋形线条,代码如例 6-5 所示。

【例 6-5】 逐渐扩展的螺旋形线条。

```
void setup() {
  size(800, 800);                     //设置画布大小为 800×800px
  strokeWeight(2);                    //设置描边的粗细为 2px
  smooth();                           //启用抗锯齿,使图形边缘更平滑
```

}

```
void draw() {
  background(255);              //设置背景颜色为白色
  translate(width / 2, height / 2); //将原点(0,0)移动到画布中心
  stroke(#F0B850);              //设置描边颜色为金黄色(#F0B850)
  noFill();                     //取消填充颜色,使得图形只有边框
  beginShape();                 //开始定义一个新形状
  //循环从 0 到 10 个 2π
  for (float i = 0; i < 10 * TWO_PI; i += 0.1) {
    float r = 5 * i;            //定义极坐标中的半径 r,随角度 i 线性增加
    float x = r * cos(i);       //计算当前角度 i 对应的 x 坐标
    float y = r * sin(i);       //计算当前角度 i 对应的 y 坐标
    vertex(x, y);               //在计算出的坐标位置添加一个顶点
  }
  endShape();                   //结束定义形状,并将形状绘制出来
}
```

运行结果如图 6-6 所示。

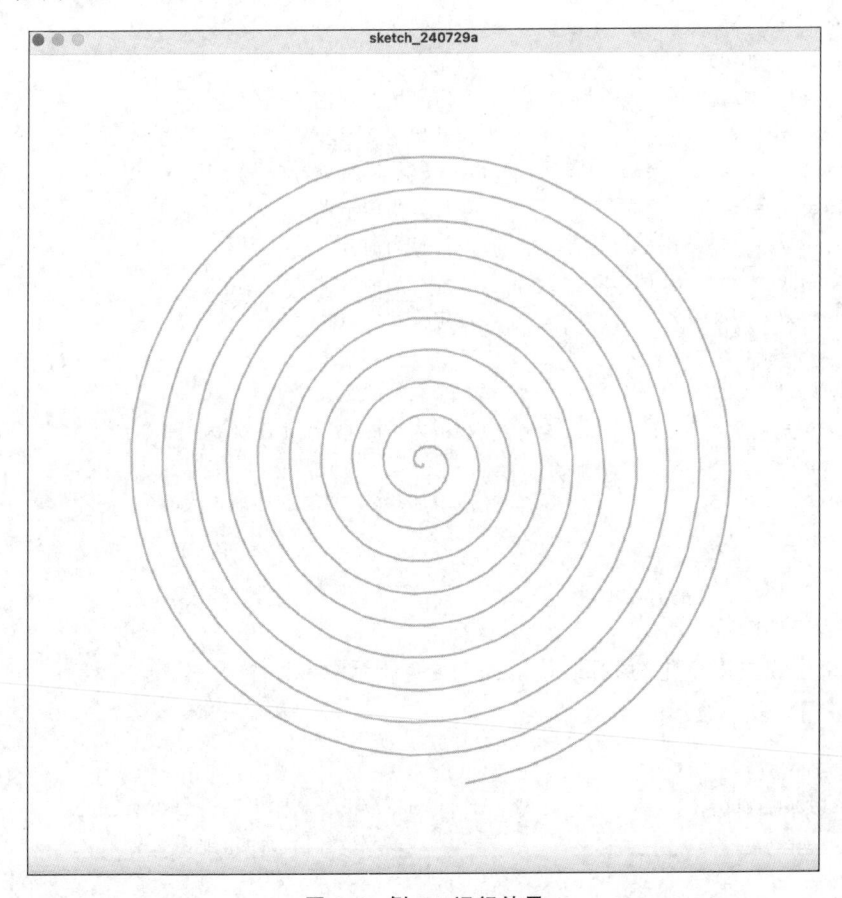

图 6-6　例 6-5 运行结果

通过循环角度 i 从 0 到 10 个 2π，并且每次增加 0.1，可以生成足够多的顶点，使得线条平滑且连续。螺旋的半径 r 随角度 i 线性增加，形成一个从中心向外逐渐扩展的效果。

如果想做一个生成螺旋形状的动画，可以修改上面的代码，达到一种线条慢慢从中心点生长出来的效果，代码如例 6-6 所示，在这个例子中，使用了蓝色的填充。

【例 6-6】 螺旋形状的动画。

```
float angle = 0;                    //初始化旋转角度
float maxI = 0;                     //初始化螺旋最大半径的变量

void setup() {
  size(800, 800);                   //设置画布大小为 800×800px
  strokeWeight(2);                  //设置描边的粗细为 2px
  smooth();                         //启用抗锯齿
}

void draw() {
  background(255);                  //设置背景颜色为白色
  translate(width / 2, height / 2); //将原点移动到画布中心
  rotate(angle);                    //旋转坐标系
  stroke(#FCBA00);                  //定义线条颜色
  fill(#A7EBFF);                    //定义填充颜色
  beginShape();                     //开始定义形状
  for (float i = 0; i < maxI; i += 0.1) { //循环绘制螺旋
    float r = 5 * i;                //计算当前半径
    float x = r * cos(i);           //计算当前 x 坐标
    float y = r * sin(i);           //计算当前 y 坐标
    vertex(x, y);                   //定义顶点
  }
  endShape();                       //结束形状定义
  angle += 0.01;                    //增大角度，实现旋转效果
  if (maxI < 15 * TWO_PI) {
    maxI += 0.05;                   //增加 maxI，使螺旋逐渐长大
  }
}
```

运行结果如图 6-7 所示。

下面来生成更多变化的波形，代码如例 6-7 所示。

【例 6-7】 多个波形的叠加。

```
void setup(){
  size(1000, 600);                  //设置画布大小为 1000×600px
  strokeWeight(2);                  //设置描边的粗细为 2px
}

void draw() {
```

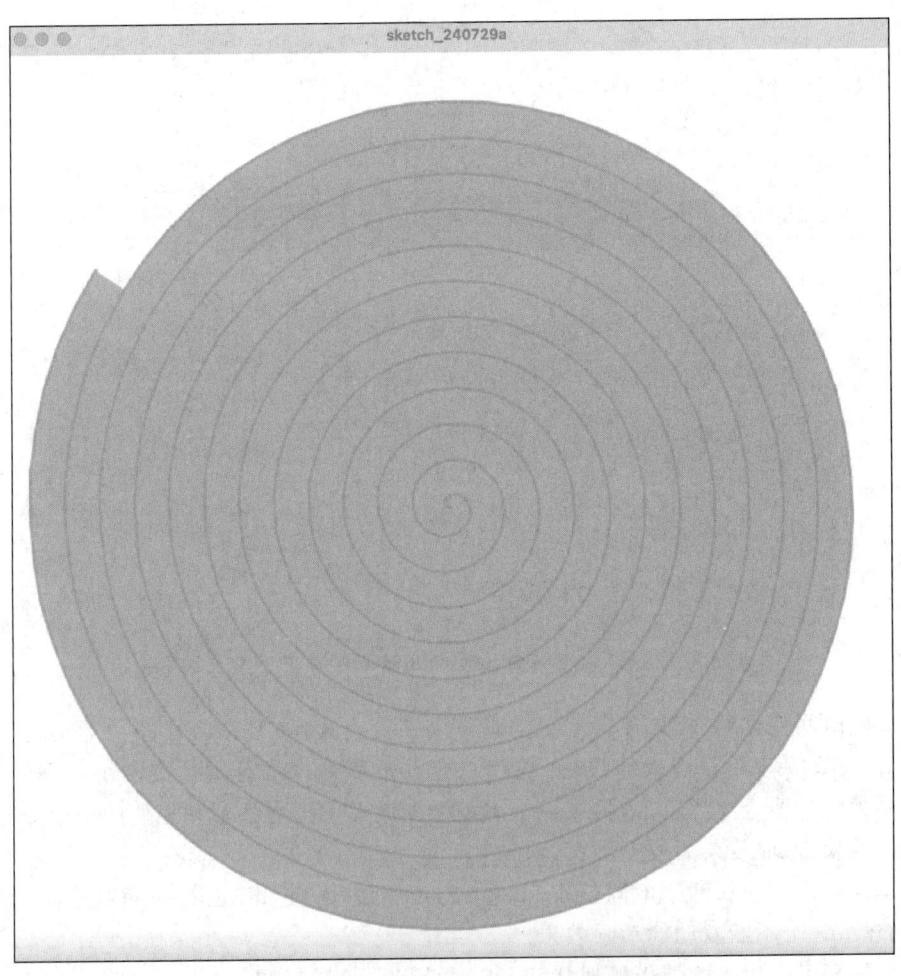

图 6-7 例 6-6 运行结果，产生螺旋图案

```
background(#FA9930);                    //设置背景颜色为#FA9930
stroke(0, 100, 255);                    //设置描边颜色为蓝色
noFill();                               //不填充形状
beginShape();                           //开始定义形状
for (int x = 0; x < width; x += 2) {    //循环 x 坐标,每次增加 2
//计算第一个波的 y 坐标
  float wave1 = 100 * (sin((x * 0.05) + millis() * 0.002));
//计算第二个波的 y 坐标
  float wave2 = 100 * (sin((x * 0.07) + millis() * 0.003));
  float y = height / 2 + wave1 + wave2; //计算总的 y 坐标
  vertex(x, y);                         //定义顶点
}
endShape();                             //结束形状定义
}
```

运行结果如图 6-8 所示。

millis()函数返回自程序启动以来经过的时间(以 ms 为单位)。在这个例子中,millis()

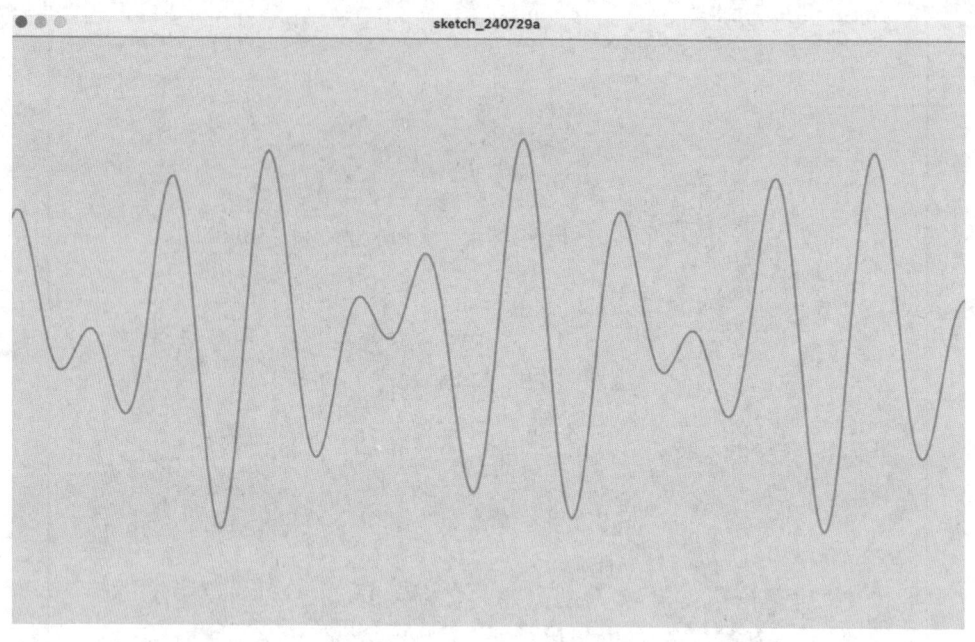

图 6-8 例 6-7 运行结果，由多个正弦波相加，产生复杂波形

用于生成随时间变化的波形，使得波形动画效果平滑连续，如果希望让图像运动得更剧烈，可以让 millis() 乘以一个更大的数，如 0.02。wave1 和 wave2 分别代表两个不同频率的正弦波。通过将这两个波形相加，生成一个更复杂的波形。不同频率和相位的正弦波相加，会产生干涉效果，形成复杂的波动图案。

整体代码通过叠加两个不同频率和相位的正弦波，并使用 millis() 函数使波形随时间变化，创建了一个不断波动的动画效果。

这个图形可以用来模拟山的形状、水波，或者心电图的效果。

下面来绘制花瓣形状，代码如例 6-8 所示。

【例 6-8】 绘制花瓣形状。

```
void setup() {
  size(800, 800);                                  //设置画布大小为 800×800px
  strokeWeight(4);                                 //设置描边的粗细为 4px
}

void draw() {
  background(255);                                 //设置背景颜色为白色
  translate(width / 2, height / 2);                //将原点移动到画布中心

  stroke(#0CAA15);                                 //设置描边颜色为绿色(#0CAA15)
  fill(#C62118);                                   //设置填充颜色为红色(#C62118)

  beginShape();                                    //开始定义形状
  for (float t = 0; t < TWO_PI; t += 0.01) {       //循环 t 从 0 到 2*PI,每次增加 0.01
    float r = 200 * cos(6 * t + millis() * 0.001); //计算当前半径 r
```

```
    float x = r * cos(t);                      //计算 x 坐标
    float y = r * sin(t);                      //计算 y 坐标
    vertex(x, y);                              //定义顶点
  }
  endShape(CLOSE);                             //结束形状定义,并闭合形状
}
```

运行结果如图 6-9 所示。

图 6-9 绘制花瓣形状

t 是从 0 到 2×PI 的变量,表示角度。通过循环 t,可以遍历整个圆周,用来计算每个点的极坐标。

花瓣形状来源于极坐标方程 $r = 200 \times \cos(6 \times t + \text{millis}() \times 0.001)$。$6 \times t$ 使得半径在 t 从 0 到 2×PI 变化 6 次,即每隔 PI/3 产生一个波峰或波谷,形成花瓣形状,具体可以参考三角函数的图像(如果是数学基础比较薄弱的读者,也可以忽略其中的数学原理,能够通过调节参数获得自己理想的图形即可)。millis()×0.001 使得花瓣随时间变化,增加动态效果。

在下面的例子中,绘制 Maurer Rose 曲线。Maurer Rose 是一种由 Peter M. Maurer 在

1987年提出的数学曲线，结合了玫瑰曲线(Rose Curve)和线条绘制技术，创造出复杂且美丽的图案。Maurer Rose 的生成原理主要涉及极坐标和正弦函数。

玫瑰曲线(Rose Curve)的极坐标方程为

$$r = a \cdot \sin(k \cdot \theta)$$

其中，r 是极径(从中心到点的距离)；a 是半径的缩放因子；k 是决定花瓣数量的参数；θ 是极角(从中心到点的角度)。

当 k 为整数时，曲线会形成 k 个或 $2k$ 个花瓣(如果 k 是奇数，则是 k 个花瓣；如果 k 是偶数，则是 $2k$ 个花瓣)。Maurer Rose 通过在玫瑰曲线上以固定角度、步长绘制线条来生成复杂的图案。其绘制步骤如下：对于每一个角度 θ，计算对应的极坐标 (r, θ)。将这些极坐标转换为笛卡儿坐标 (x, y)。按顺序连接这些点，形成线条，代码如例 6-9 所示。更多关于此曲线的知识，请参考维基百科，网址详见前言中的二维码。读者也可以忽略其中的数学原理，而主要尝试修改参数的数值，得到自己理想的图案。

【例 6-9】 绘制 Maurer Rose。

```
int d = 1;                          //定义变量 d,用于控制角度、步长
int n = 5;                          //定义变量 n,用于控制玫瑰曲线参数

void setup() {
  size(800, 800);                   //设置画布大小为 800×800px
  frameRate(10);                    //设置帧率为每秒 10 帧
}

void draw() {
  background(255);                  //设置背景颜色为白色
  translate(width / 2, height / 2); //将原点移动到画布中心
  stroke(#004004);                  //设置描边颜色为深绿色(#004004)
  noFill();                         //不填充形状
  beginShape();                     //开始定义形状

  for (int i = 0; i < 360; i++) {   //循环变量 i,从 0 到 359
    //计算 k,将角度 i 转换为弧度并乘以 n
    float k = i * n * PI / 180;
    //计算极径 r,使用玫瑰曲线公式 r = 200 * sin(k)
    float r = 200 * sin(k);
    //计算 x 坐标,将 i * d 转换为弧度并使用极坐标公式
    float x = r * cos(i * d * PI / 180);
    //计算 y 坐标,将 i * d 转换为弧度并使用极坐标公式
    float y = r * sin(i * d * PI / 180);
    vertex(x, y);                   //定义顶点 (x, y)
  }

  endShape(CLOSE);                  //结束形状定义,并闭合形状
  d += 1;                           //将 d 增加 1,使图形在每帧中旋转
  if (d > 360) { //如果 d 大于 360,则重置为 1
```

```
        d = 1;
    }
//保存当前帧为图像文件,文件名为当前帧的编号
    save(frameCount + ".png");
}
```

运行结果如图 6-10 所示。

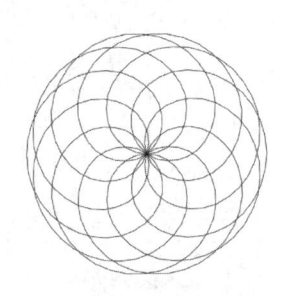

(a) 在第1帧的运行结果　　(b) 在第2帧的运行结果

图 6-10　例 6-9 在不同时刻的运行结果

float k＝i * n * PI/180 用来计算角度 k，将度数转换为弧度并乘以 n。

float r＝200 * sin(k) 用来计算极径 r，使用 sin(k) 生成一个正弦波形，决定图形的半径。

float x＝r * cos(i * d * PI/180) 和 float y＝r * sin(i * d * PI/180) 用来根据极坐标公式计算 x 和 y 坐标。

vertex(x,y) 将计算出的坐标定义为形状的顶点。

n 和 d 的作用是：n 控制花瓣的数量。float k＝i * n * PI/180 使图形在一圈内重复 n 次正弦波,从而生成 n 个花瓣。d 控制图形的旋转。每帧 d 增加 1，使图形在每次绘制时稍微旋转,形成旋转动画效果。

save(frameCount + ".png")，如果想要保存这些图片,可以使用 save 函数,将当前帧保存为图像文件,文件名为当前帧的编号(如 1.png、2.png 等)。图 6-11 为 sketch 文件夹下的文件截图。

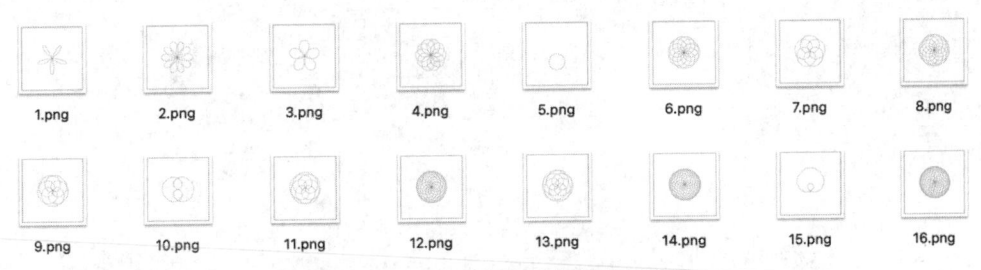

图 6-11　save 函数保存的每帧运行结果

练习 6.1：

创建一个程序,在窗口中绘制两个正弦波,一个较快频率和较低振幅,另一个较慢频率和较高振幅,观察它们叠加后的效果。

练习 6.2：

创建一个程序，在窗口中绘制一条余弦波。可以调整频率和振幅，观察其效果。

练习 6.3：

编写一个程序，绘制一个由多个正弦波组成的网格。每条波的频率和振幅随时间动态变化，图 6-12 表示了其中两帧动画。

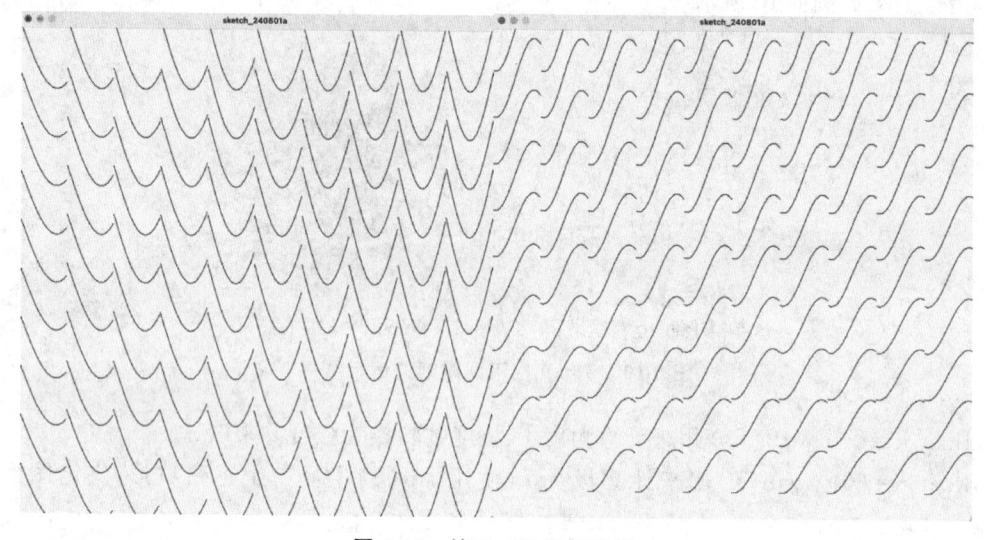

图 6-12　练习 6.3 目标结果

第 7 章

噪　声

　　噪声是生成艺术中的重要概念,本章将介绍一维噪声和二维噪声的原理及其在生成自然、随机效果中的应用。通过结合 Processing 中的 PVector 类,读者可以实现更具表现力的动态效果。噪声相较于传统的随机函数,更适合用于创作有机形态的艺术作品,因此在图形和动画生成中广泛应用。本章的学习将使读者理解如何通过噪声创造出柔和自然的艺术效果。

7.1　一维噪声的定义和应用

　　noise()函数返回指定坐标处的柏林噪声值。柏林噪声是一种随机序列生成器,生成的数字序列比标准的 random()函数更自然、和谐,后面把柏林噪声简称为噪声。与 random()函数相比,第一个区别是噪声在无限的 n 维空间中定义,其示意图如图 7-1 所示。

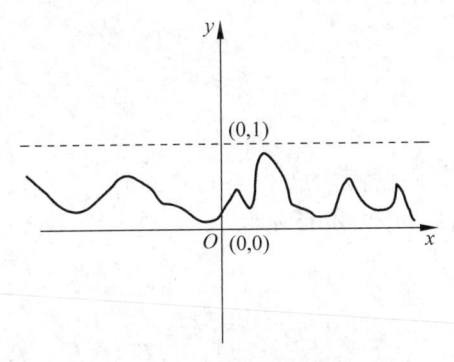

图 7-1　一维噪声示意图

　　如果使用一维的 noise(x)函数,x 的取值是负无穷到正无穷。noise(x)返回的结果值始终在 0.0 和 1.0 之间。

　　可以把一维噪声的图像想象成一座山峰,如图 7-1 所示,山的高度为 0~1。一般而言,

noise()括号里参数差值(步长)越小,生成的噪声序列越平滑。对于大多数应用,读者可以尝试使用 0.005~0.03 的步长,步长这里指参数每次增加的值。

与 random()函数不同,noise 得到的结果的变化相对平滑(可以理解为不会出现突然从山顶到山底的情况),代码如例 7-1 所示。

【例 7-1】 使用 noise 函数。

```
float xoff = 0.0;

void setup(){
}
void draw() {
  background(204);
  xoff = xoff + .01;
  float n = noise(xoff) * width;
  line(n, 0, n, height);
}
```

运行结果如图 7-2 所示。

这是 Processing 官网中给出的例子,xoff 作为 noise 的参数,每次变化一个很小的值(0.01),运行结果中的线段的位置变化是比较平滑的。如果把 float n = noise(xoff) * width 改为 float n = random(0,width),可以看到,线的抖动是非常剧烈的,因为 n 的值每帧变化是非常快速的。

噪声每个坐标对应一个固定的半随机值(仅在程序生命周期内固定,可以理解为:每运行一次程序,生成的山峰的形状是不变的,下次再重新运行程序,会生成一座不一样的山峰)。

图 7-2 例 7-1 运行结果

另一个例子也可以很好地观察 noise 和 random 的区别。

运行如下代码,其结果如图 7-3 所示。

```
void draw() {
  float r = random(100);
  println(r);
}
```

在控制台(Console)中,每帧打印的数字都是不同的。

运行下列程序,运行结果如图 7-4 所示。

```
void draw() {
  float n = noise(34);
  println(n);
}
```

只要 noise 里面的参数固定,每一帧生成的数字都是一样的,直到下次重新运行程序,会得到一个不一样的值。如果需要在每次运行程序时生成相同的噪声序列,可以使用 noiseSeed()函数。把上述程序改为

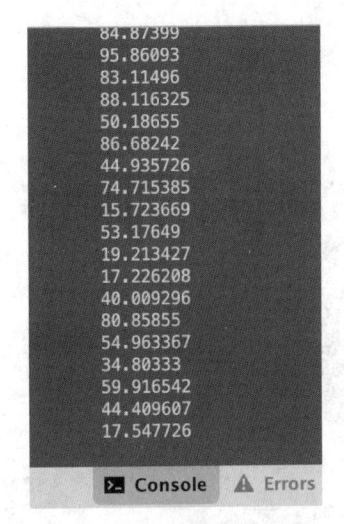

图 7-3　产生 1～100 的随机数 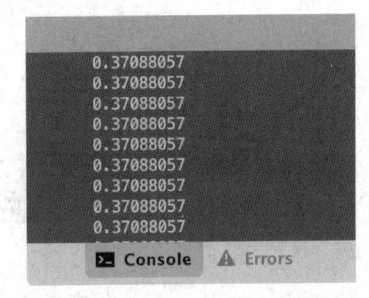　　　　图 7-4　由 noise 函数产生的随机数

```
void draw() {
  noiseSeed(123);
  float n = noise(34);
  println(n);
}
```

那么每次重新运行程序,仍然可以得到相同的结果。

7.2　二维噪声的定义和应用

Processing 可以根据给定的坐标数量计算 1D、2D 和 3D 噪声。生成 2D 和 3D 噪声的语法分别是 noise(x,y) 和 noise(x,y,z)。

如果将一维噪声想象成山峰的切面图,那么二维噪声可以简单地理解为现实中的山峰,如图 7-5 所示。如果已知某个点的 x 和 y 坐标,就可以确定该点的海拔,山的高度范围仍然为 0～1。

噪声也可以用来生成类似云雾的效果,白色代表值为 1,黑色代表值为 0,中间的灰色表示介于 0 和 1 之间的值,代码如例 7-2 所示,运行结果如图 7-6(a) 所示。

【例 7-2】　生成二维噪声。

```
size(600,600);
loadPixels();
for(int i = 0;i < width;i++){
  for(int j = 0;j < height;j++){
    float greyLevel = noise(i * 0.003,j * 0.003) * 255;
    pixels[i + j * width] = color(greyLevel);
  }
}
updatePixels();
```

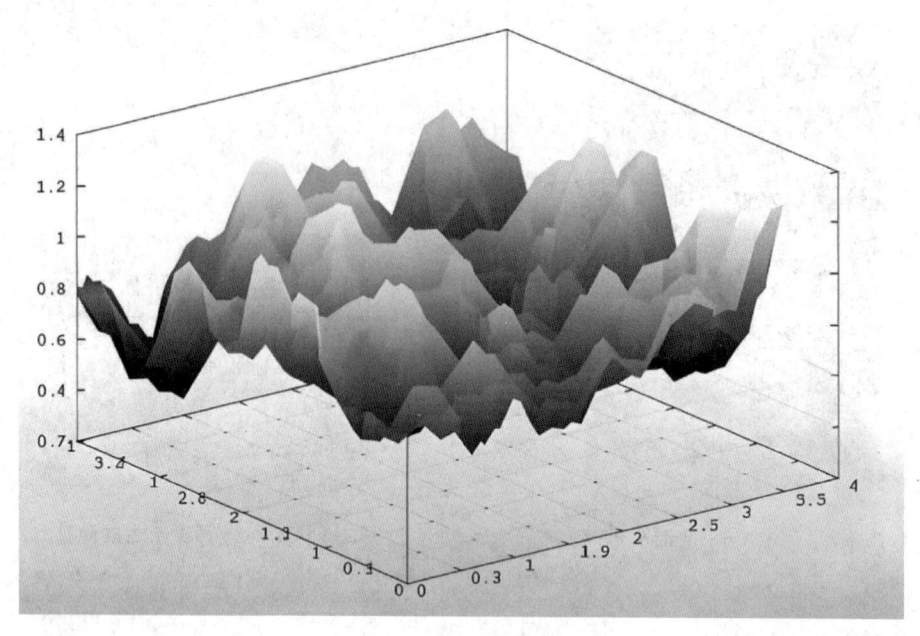

图 7-5 二维噪声示意图

当把 float greyLevel = noise(i * 0.003,j * 0.003) * 255 改为 float greyLevel = noise(i * 0.03,j * 0.03) * 255 时,步长变为原来的 10 倍,可以看到更明显的纹理变化,如图 7-6(b)所示,读者可以通过设置不同的步长参数,来得到想要的不同的纹理。

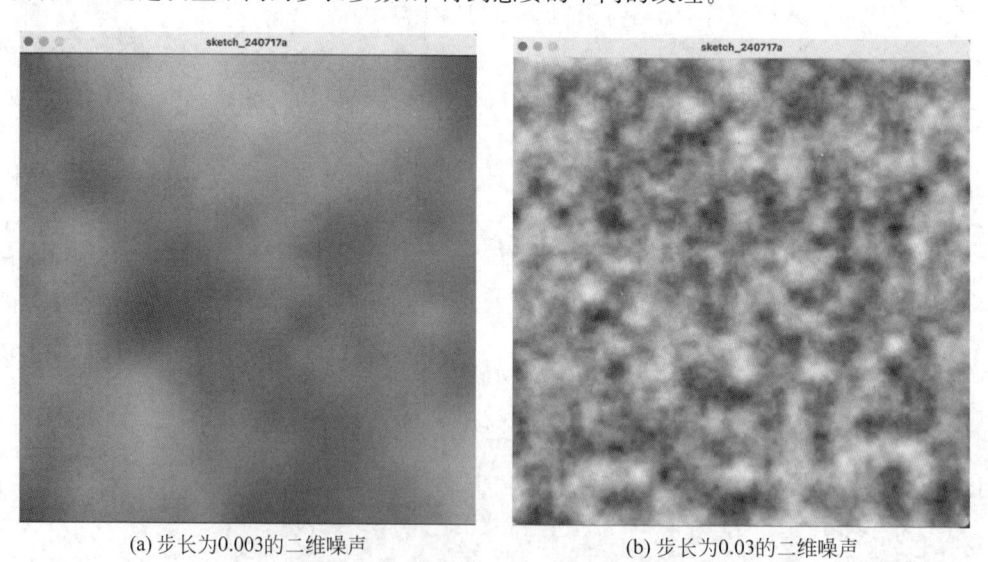

(a) 步长为0.003的二维噪声   (b) 步长为0.03的二维噪声

图 7-6 设置不同步长的二维噪声的图像

下面来思考如何通过修改上面的程序,得到一幅彩色的图像呢?代码如例 7-3 所示,运行结果如图 7-7 所示。

【例 7-3】 用二维噪声生成彩色图案。

```
colorMode(HSB);
```

```
size(600,600);
loadPixels();
for(int i = 0;i < width;i++){
  for(int j = 0;j < height;j++){
    float hue = noise(i * 0.001 + 3000,j * 0.001 - 900) * 500 - 100;
    pixels[i + j * width] = color(hue,200,220);
  }
}
updatePixels();
```

运行结果如图 7-7 所示。

图 7-7　用噪声生成的二维彩色图像

首先把色彩模式改为 HSB,使用 noise 来生成色相(hue),然后将饱和度和亮度分别设置为固定值 200 和 220,这样就得到一幅颜色渐变的图案。每次运行时,可以得到不同的结果,可以用来模拟极光、云雾,也有人把这个图案用作香水的包装,模拟香水的气味等。

这个程序里 noise 的参数(float hue＝noise(i * 0.001＋3000,j * 0.001－900) * 500－100;)＋3000、－900 都是没有关系的,x、y 的取值都是负无穷到正无穷,这里只是为了能够得到一些不一样的纹理。色相值×500 后－100,最后得到的值可能不在 0～255 这个有效范围内,超过的部分会被归为这个范围,如得到的结果是 380,这样超过上限的值会被设置为 255。同样，小于 0 的值也会被设置为 0。

pixels[i+j*width]=color(hue,200,220);这里的 pixels[]数组也是之前介绍过的，存储的是图像里所有像素的颜色值，对于第 i 行第 j 列这个位置上的像素点，在数组中对应的索引可以通过公式 i+j×width 来计算。

进一步地，如果希望让图像变成动态的，代码如例 7-4 所示。

【例 7-4】 生成动态变化的图像。

```
float xOffset = 0;          //用于控制噪声生成的 x 轴偏移量
float yOffset = 0;          //用于控制噪声生成的 y 轴偏移量

void setup(){
  colorMode(HSB);           //将颜色模式设置为 HSB
  size(600,600);            //设置画布为 600×600px
}

void draw(){
  loadPixels();             //加载当前帧的像素数据,准备进行逐像素操作
  //像素的遍历操作,i 代表 x 坐标,j 代表 y 坐标
  for(int i = 0;i < width;i++){
    for(int j = 0;j < height;j++){
  //通过噪声函数生成色相值
  //使用 xOffset 和 yOffset 让噪声在每次绘制时产生微小变化
      float hue = noise(i * 0.001 + xOffset,j * 0.001 * yOffset) * 500 - 100;
      //生成 HSB 颜色并赋给当前像素
      pixels[i + j * width] = color(hue,200,220);
    }
  }
  xOffset += 0.003;         //每次绘制时增加 x 轴噪声的偏移量,使图像变化
  yOffset += 0.008;         //每次绘制时增加 y 轴噪声的偏移量,使图像变化
  updatePixels();           //更新像素数据,将修改后的像素显示到屏幕上
}
```

xOffset、yOffset 分别表示水平和竖直方向的偏移，在通过双重 for 循环更新所有像素后，让 noise 函数的采样点有一定的偏移，这样下一帧对比这一帧，颜色有一定的变化，进而形成流动的形状，可以辅助生成一些流动的动画。

7.3　PVector 类与噪声的结合使用

来看下面这个例子。这里需要用到 PVector，指 Processing 中描述二维或三维向量的类。这里的向量与数学上的定义是一致的，是既有大小又有方向的量。假设有二维向量 v1，可以通过 v1.x，v1.y 分别访问向量的 x 方向和 y 方向的分量。

通过下面的例子来详细了解向量的定义和使用方法，代码如例 7-5 所示。

【例 7-5】 PVector 类的使用。

```
PVector v1, v2;              //向量的声明
void setup(){
  size(400,400);
  v1 = new PVector(20,30);   //创建一个新的变量
  v2 = new PVector(60,90);
  rect(v1.x,v1.y, 20,20);
  rect(v2.x,v2.y, 20,20);
  v1.add(v2);                //向量的加法,在 v1 的基础上,增加 v2,更新 v1 的值
  rect(v1.x,v1.y,40,40);
}
```

下面的例子将会在鼠标位置和窗口中心点直接形成一条连线,代码如例 7-6 所示。

【例 7-6】 PVector 类与鼠标交互结合。

```
void setup() {
  size(200,200);
  smooth();
}
void draw() {
  background(255);
  PVector mouse = new PVector(mouseX,mouseY);         //鼠标的位置组成的向量
  PVector center = new PVector(width/2,height/2);     //屏幕中心的位置
  line(center.x,center.y,mouse.x,mouse.y);            //在两个向量之间画一条线
}
```

这里用到 smooth()函数,当调用 smooth()函数时,Processing 会尝试对绘图过程中的线条和颜色变化进行平滑处理,从而减少绘图时的锯齿现象,使得图形看起来更加平滑和自然。

下面的代码创建了一个简单的基于噪声函数的多边形,每次单击鼠标时,会重新生成一个十边形,图 7-8 表示两次单击鼠标时,形成不同的十边形,代码如例 7-7 所示。

【例 7-7】 生成十边形。

```
float xOffset = 2;
float yOffset = 10;
void setup(){
  size(1000,1000);
}
void draw(){
  background(255);
  beginShape();                          //开始绘制形状
  for (int i = 0; i < 10; i++) {         //循环 10 次,绘制 10 个顶点
    float angle = TWO_PI * i / 10;       //计算当前顶点的角度
//创建一个二维向量,表示当前顶点的单位向量
    PVector p = new PVector(cos(angle), sin(angle));
```

```
//计算噪声值并将其放大到 0~500,作为顶点的半径
    float r = noise(p.x + xOffset, p.y + yOffset) * 500;
    p.mult(r);                          //将向量放大到噪声值所决定的长度
//将顶点绘制在画布上(平移到画布中心)
    vertex(p.x + 500, p.y + 500);
  }
  endShape(CLOSE);                      //完成形状的绘制并闭合形状
}
//单击鼠标时,噪声的偏移量产生一定的变化,这样使得 noise()函数产生不同
//的值,形成半径 r 与单击鼠标前不同的十边形
void mousePressed(){
  xOffset++;
  yOffset++;
}
```

运行结果如图 7-8 所示。

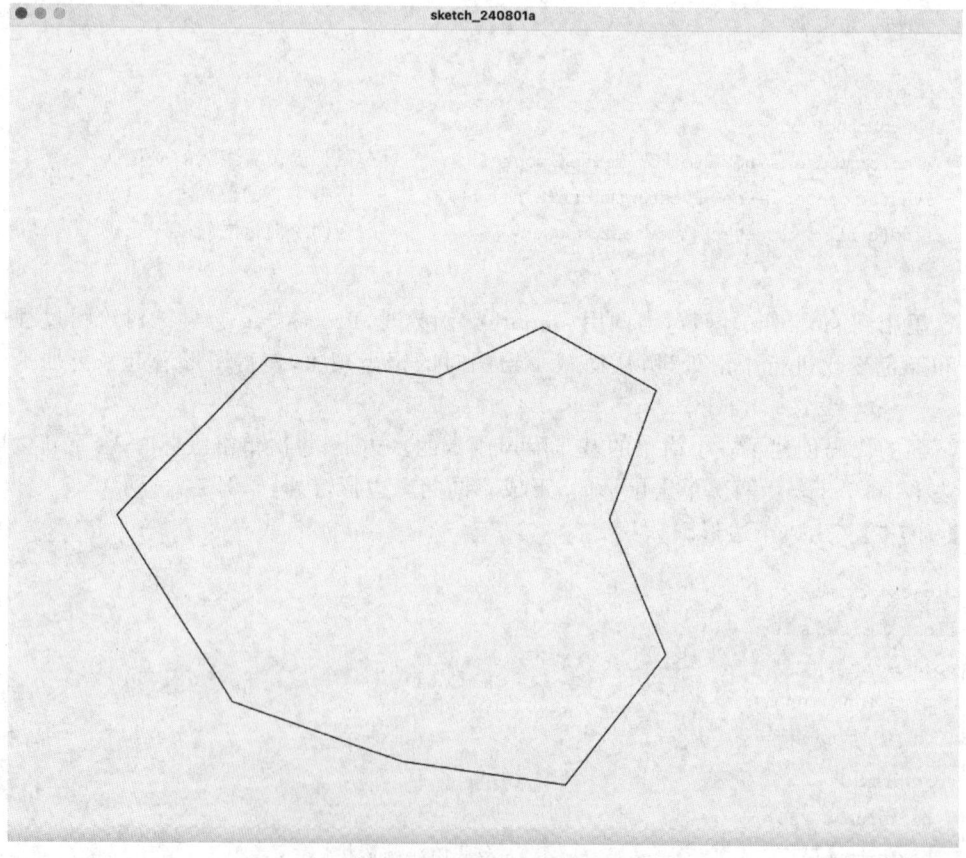

(a) 第1帧的生成图像

图 7-8　例 7-7 在不同时刻的运行结果

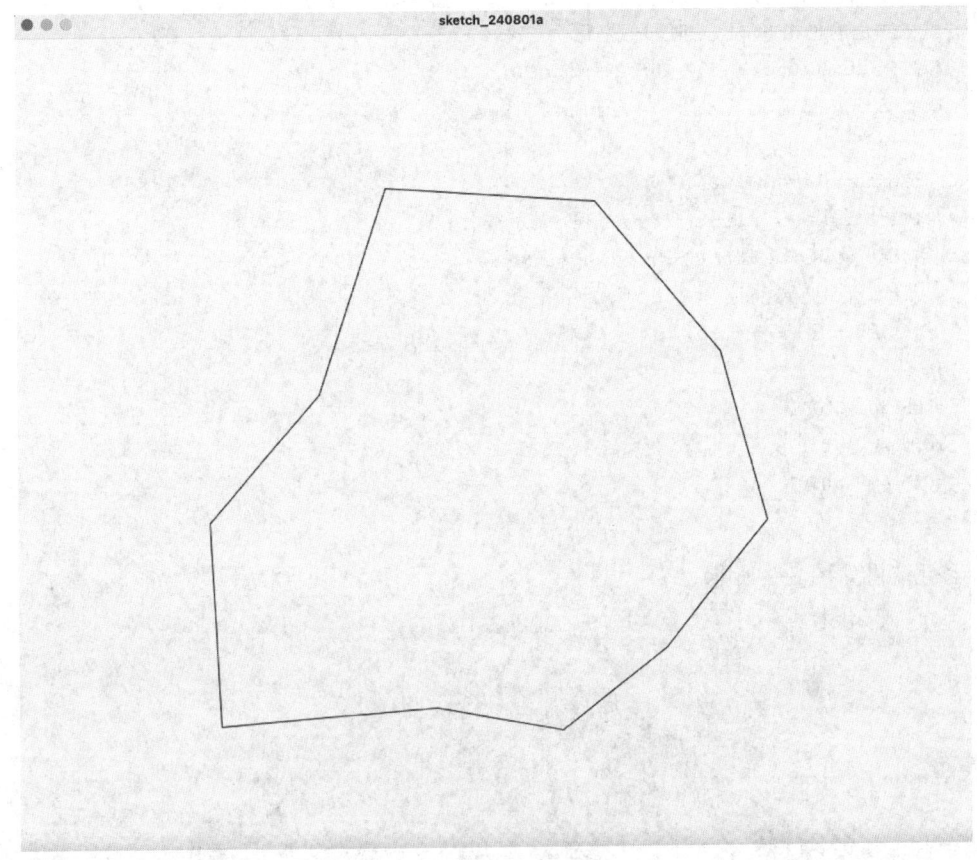

(b) 第2帧的生成图像

图 7-8 （续）

通过对上面程序的改写，可以创作出一些有趣的动态图形，代码如例 7-8 所示，运行结果如图 7-9 所示。

【例 7-8】 PVector 生成动态交互效果。

```
float x,y;
int num = 20;
float xOffset,yOffset;

void setup(){
  size(1000,800);
  noStroke();
  background(#FAE1E1);        //利用颜色选择器选择背景
  colorMode(HSB);             //设置颜色模式
  x = width/2;                //多边形中心位置的 x 值为窗口宽度除以 2
  y = height/2;               //多边形中心位置的 y 值为窗口高度除以 2
}
```

```
void draw(){
//填充颜色的色相 Hue 随着时间的变化而变化
    fill((frameCount * 0.3) % 255,200,255,30);
    beginShape();                    //开始绘制多边形
    for(int i = 0;i < num;i++){
        float angle = TWO_PI * i/num;
        PVector p = new PVector(cos(angle),sin(angle));
        float r = noise(xOffset + p.x,yOffset + p.y) * 500;
        p.mult(r);
        vertex(p.x + x,p.y + y);
    }
    endShape(CLOSE);
    xOffset += 0.01;
    yOffset += 0.01;
}
```

运行结果如图 7-9 所示。

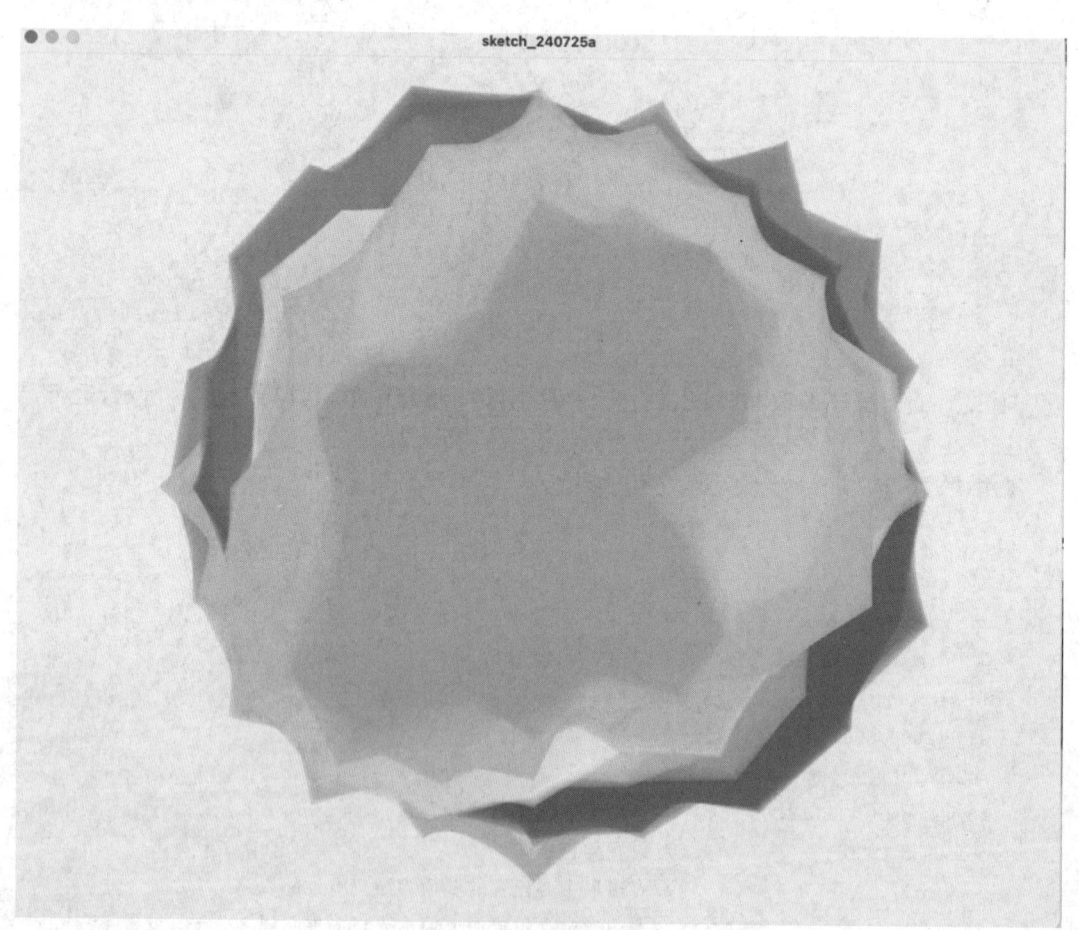

图 7-9 例 7-8 运行结果

更改例 7-8 可以得到完全不同的视觉效果,代码如例 7-9 所示。

【例 7-9】 更改例 7-8。

```
float x,y;
int num = 8;                              //绘制八边形
float xOffset,yOffset;

void setup(){
  size(1000,800);
  noFill();
  background(#F0F7FF);                    //利用颜色选择器选择背景
  colorMode(HSB);                         //设置颜色模式
  x = 0;                                  //多边形中心位置为 0
  y = 0;
}

void draw(){
  stroke((frameCount * 0.3) % 255,200,255,30);  //边框颜色的色相 Hue 随着时间的变化而变化
  beginShape();                           //开始绘制多边形
  for(int i = 0;i < num;i++){
    float angle = TWO_PI * i/num;
    PVector p = new PVector(cos(angle),sin(angle));
    float r = noise(xOffset + p.x,yOffset + p.y) * 1000;    //半径变为 1000
    p.mult(r);
    vertex(p.x + x,p.y + y);
  }
  endShape(CLOSE);
  xOffset += 0.01;
  yOffset += 0.01;
//每一帧,多边形的中心位置往右、往下加 1,多边形向右下方移动
  x++;
  y++;
}
```

运行结果如图 7-10 所示。

练习 7.1:
改写 7.2 节 PVector 的例子,自主创作一个不同的动画,体现一定的设计主题。

练习 7.2:
创建一个程序,绘制一个位于屏幕中心位置的圆,其半径根据噪声函数不断变化。

练习 7.3:
在窗口中绘制动态波形,并使用 noise() 函数控制其形状。动画其中一帧的效果如图 7-11 所示。

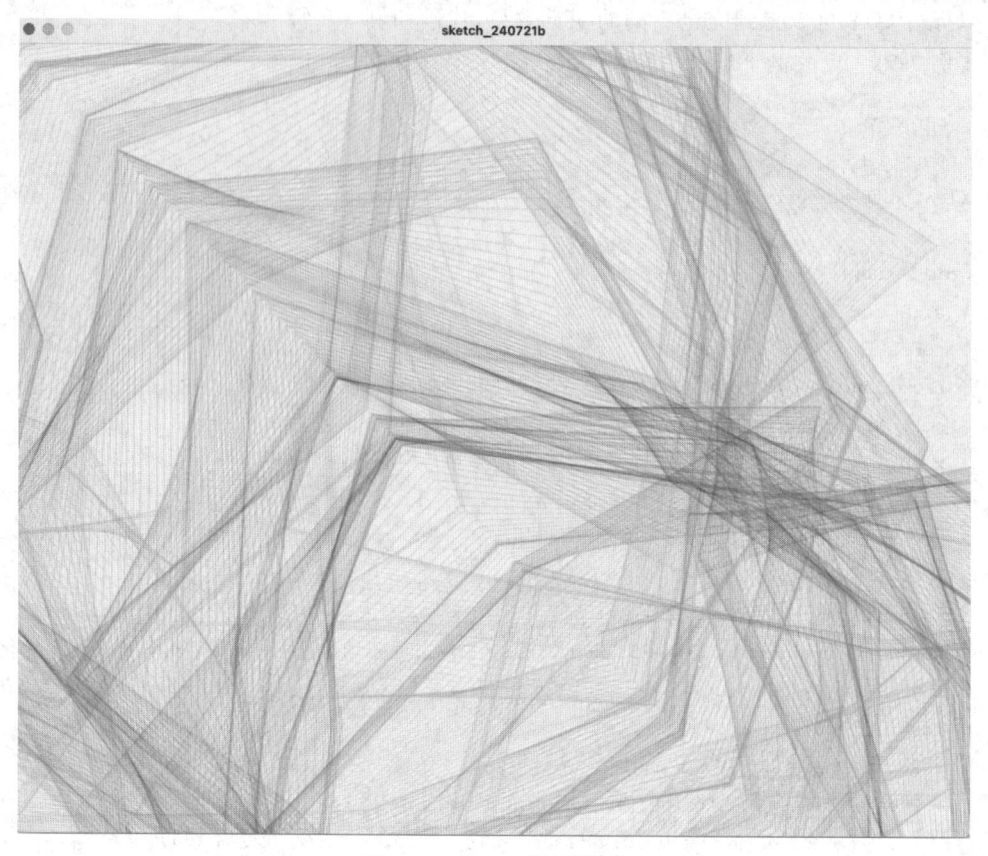

图 7-10 例 7-9 运行结果

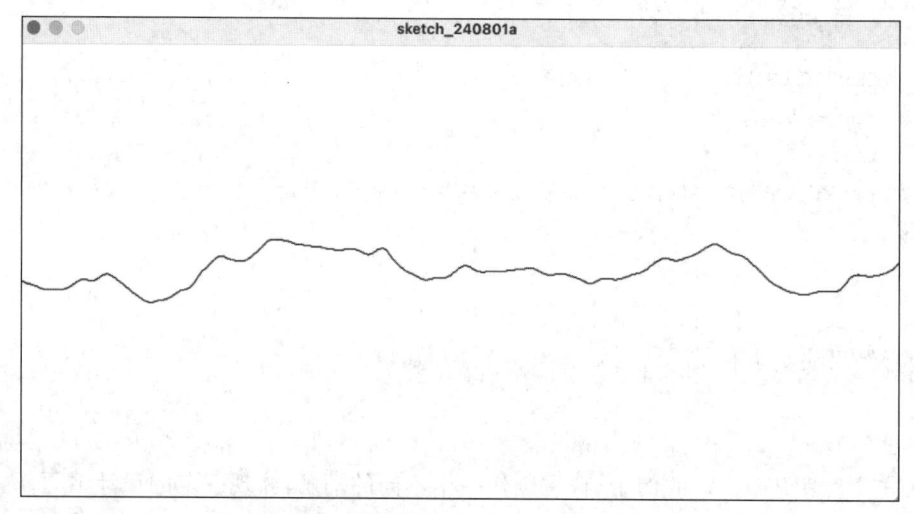

图 7-11 练习 7.3 的目标效果

第 8 章

音乐可视化

本章介绍了如何通过 Processing 与 Minim 库结合，实现音频的可视化处理。通过编写程序将声音转换为视觉效果，读者可以创作出动感十足的音乐视觉作品。音乐可视化是一种将听觉与视觉相结合的创意形式，能够为艺术家提供一种新的表达方式。学习这一章读者将掌握通过编程将声音数据与视觉设计结合的技术。

8.1 Minim 库的安装和使用

Minim 库是一个用于 Processing 环境的音频库。首先，需要安装一个名为 Minim 的库。请按照以下步骤操作。

(1) 打开 Processing。

(2) 在菜单栏中选择 Sketch→Import Library→Add Library 选项。

(3) 在弹出的窗口第一个选项卡中搜索"minim"，如图 8-1 所示。

(4) 选中 Minim 库后，单击 Install 按钮。该库的体积不大，安装时间比较短。

(5) 安装完成后，为了确保库能够正常使用，建议重新启动 Processing。

重新启动后，如图 8-2 所示，如果在引用库文件中能看到 Minim 库，说明安装成功。

Minim 是一个用于音频文件播放和处理的库。它提供了丰富的功能来管理和操作音频文件。

在本书中主要使用 AudioPlayer 类。

AudioPlayer 类是一个全功能的音频播放器，适用于处理完整的音频文件。以下是一些常用方法。

loadFile("groove.mp3", 1024)：加载音频文件，第二个参数是设置存储音频文件的缓存的大小。

loop()：循环播放音频。

play()：播放音频。

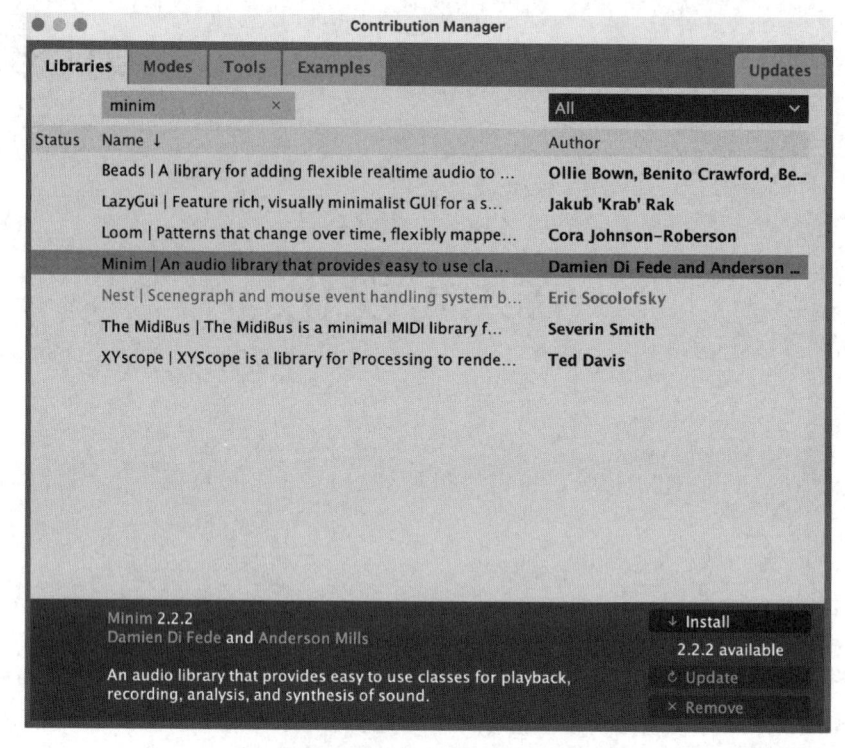

图 8-1　Minim 库的安装页面

图 8-2　检查 Minim 库是否已成功安装

pause()：暂停播放音频。

left.get(i)：获取缓存中左声道的第 i 个数据。

right.get(i)：获取缓存中右声道的第 i 个数据。

mix.get(i)：获取缓存中混合的第 i 个数据。

bufferSize()：获取内存中的音频数据大小。

setPosition(int millis)：设置从音频的哪个时间点开始播放。

left.level()：在 Minim 库中,.left.level()和.right.level()方法返回的是音频缓冲区当前帧的均方根(Root Mean Square,RMS)电平值,这个值表示音量的大小。RMS 电平值是一种衡量音频信号强度的方法,常用于音频处理和分析。

isLooping()：检查音频是否循环播放。

isPlaying()：检查音频是否正在播放。

此外,还有 AudioSample 类主要用于处理短音频片段,也包含一些类似的方法。

loadSample("groove.wav", 1024)：用于加载音频文件。

isMuted()：检查音频是否被静音。

trigger()：触发播放音频,这是和 AudioPlayer 类不同的地方。

stop()：停止播放音频。

left.get(i)：获取缓存中左声道的第 i 个数据。

right.get(i)：获取缓存中右声道的第 i 个数据。

mix.get(i)：获取缓存中混合的第 i 个数据。

以下是一个示例,展示如何使用 Minim 库中的 AudioSample 类来播放和可视化音频片段,代码如例 8-1 所示。

【例 8-1】 使用 Minim 库中的 AudioSample 类。

```
import ddf.minim.*;
Minim minim;                    //声明 Minim 库的一个实例
AudioSample sound;              //声明 AudioSample 类的一个实例
void setup(){
  size(500,500);
  minim = new Minim(this);
  sound = minim.loadSample("fire.wav");
}
void draw(){
  background(0);
  fill(255,0,0);
  ellipse(width/2,height,40,40);
}

void mousePressed(){
  sound.trigger();                        //触发音频文件的播放
  ellipse(width/2,height,200,200);        //画一个半径为 200px 的圆形
}
```

此代码中需要注意的是：在使用 Minim 库之前,要先导入库 import ddf.minim.*。

* 符号表示导入此库下面的所有内容,请读者确保音频文件被正确加载到 data 文件夹中,可以回顾在学习风格化图片时用到的方法,直接将音频文件拖曳到工作窗口,系统将自动在程序文件下创建一个 data 文件夹,里面包含拖曳进去的音频文件。也可以在项目文件中手动创建 data 文件夹,并将文件手动放到此文件夹中。

如果没有成功加载音频文件,运行代码时可能会出现如图 8-3 所示错误提示。

请打开程序文件,并检查 data 文件夹下是否已正确包含该音频文件,并且检查音频文

图 8-3　没有成功导入音频文件时报错

件的名称是否与代码完全一致。

下面来进行音频的可视化，代码如例 8-2 所示。

【例 8-2】　使用 AudioPlayer 可视化音频文件。

```
import ddf.minim.*;                                    //导入 Minim 库
Minim minim;                                           //声明 Minim 对象
AudioPlayer groove;                                    //声明 AudioPlayer 对象

void setup() {
  size(1024, 200);                                     //设置窗口大小为 1024×200px
  minim = new Minim(this);                             //初始化 Minim 对象
//加载音频文件"groove.mp3",缓冲区大小为 1024
  groove = minim.loadFile("groove.mp3", 1024);
  groove.loop();                                       //循环播放音频
}

void draw() {
  background(0);                                       //设置背景颜色为黑色
  stroke(255);                                         //设置线条颜色为白色
  //绘制左声道和右声道的波形
  for(int i = 0; i < groove.bufferSize() - 1; i++) {
    //映射当前索引到屏幕宽度
    float x1 = map(i, 0, groove.bufferSize(), 0, width);
    //映射下一个索引到屏幕宽度
    float x2 = map(i + 1, 0, groove.bufferSize(), 0, width);
    //绘制左声道波形
    line(x1, 50 + groove.left.get(i) * 50, x2, 50 + groove.left.get(i + 1) * 50);
    //绘制右声道波形
    line(x1, 150 + groove.right.get(i) * 50, x2, 150 + groove.right.get(i + 1) * 50);
  }
  noStroke();                                          //取消线条绘制
  fill(255, 0, 0);                                     //设置填充颜色为红色
  rect(0, 0, groove.left.level() * width, 100);        //根据左声道均方根绘制红色矩形
  rect(0, 100, groove.right.level() * width, 100);     //根据右声道均方根绘制红色矩形
}
```

运行结果如图 8-4 所示。

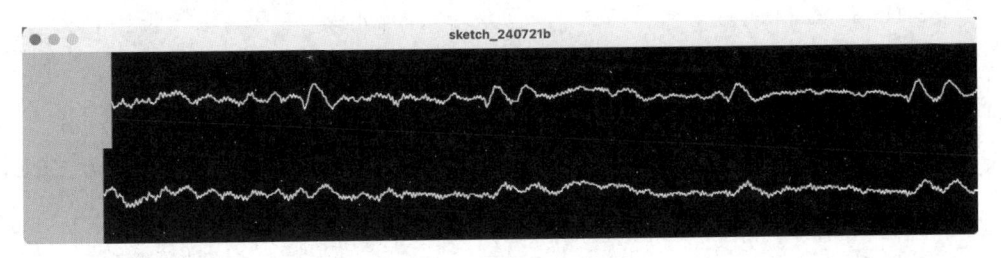

图 8-4　例 8-2 运行结果

8.2　音乐可视化案例

下面一个例子,将利用之前写过的 Ball 这个类,在之前的程序中,两个小球连线的条件是距离小于一个固定值,如 200。现在改写这个程序,让小球之间连线的条件,变为随着音乐的变化而变化,产生一种动态的有节奏的效果,其代码如例 8-3 所示。

【例 8-3】　小球与音乐可视化结合。

```
import ddf.minim.*;                          //导入 Minim 库,用于处理音频
Minim minim;                                 //声明 Minim 对象
AudioPlayer player;                          //声明 AudioPlayer 对象
int num = 80;                                //小球的数量
Ball[] balls;                                //小球数组
float level;                                 //当前音频的音量级别
float s;                                     //用于控制小球连接的阈值
void setup() {
  size(800, 600);                            //设置画布大小
  colorMode(HSB);                            //设置颜色模式为 HSB
  strokeWeight(2);                           //设置线条宽度为 2
  minim = new Minim(this);                   //初始化 Minim 对象
  player = minim.loadFile("jay.mp3");        //加载音频文件
  player.play();                             //播放音频
  balls = new Ball[num];                     //初始化小球数组
  for (int i = 0; i < num; i++) {
    balls[i] = new Ball();                   //为每个小球数组元素创建一个新的 Ball 对象
  }
}
void draw() {
  background(#D1E6FA);                       //设置背景颜色
  level = player.mix.level();                //获取当前音频的音量级别
  float hue = map(level, 0, 1, 0, 150);      //将音量级别映射到色相值
  float bright = map(level, 0, 1, 150, 255); //将音量级别映射到亮度值
  stroke(hue, 200, bright, 150);             //设置线条颜色
  s = level * 250;                           //根据音量级别设置小球连接的阈值
  for (int i = 0; i < num; i++) {
    balls[i].move();                         //更新每个小球的位置
```

```
      balls[i].display();                    //显示每个小球
    }
    for (int i = 0; i < num; i++) {
      for (int j = 0; j < i; j++) {
        balls[i].connect(balls[j]);          //如果两个小球之间的距离小于阈值,则连接它们
      }
    }
  }
}
class Ball {
  float x;                                   //小球的 x 坐标
  float y;                                   //小球的 y 坐标
  float xSpeed;                              //小球在 x 方向的速度
  float ySpeed;                              //小球在 y 方向的速度
  color c;                                   //小球的颜色
  //构造函数,初始化小球的属性
  Ball() {
    x = random(width);                       //随机设置小球的 x 坐标
    y = random(height);                      //随机设置小球的 y 坐标
    xSpeed = random(-3, 3);                  //随机设置小球在 x 方向的速度
    ySpeed = random(-3, 3);                  //随机设置小球在 y 方向的速度
    c = color(random(255), random(255), random(255));    //随机设置小球的颜色
  }
  //更新小球的位置
  void move() {
    x += xSpeed;                             //更新小球的 x 坐标
    if (x < 0 || x >= width) {
      xSpeed *= -1;                          //如果小球超出边界,则反转其 x 方向的速度
    }
    y += ySpeed;                             //更新小球的 y 坐标
    if (y < 0 || y >= height) {
      ySpeed *= -1;                          //如果小球超出边界,则反转其 y 方向的速度
    }
  }
  //显示小球
  void display() {
    fill(c);                                 //设置填充颜色
    ellipse(x, y, 1, 1);                     //绘制小球
  }
  //如果两个小球之间的距离小于 s,则连接它们
  void connect(Ball other) {
    if (dist(x, y, other.x, other.y) < s) {
      line(x, y, other.x, other.y);          //绘制一条连接两个小球的线
    }
  }
}
```

运行结果如图 8-5 所示。

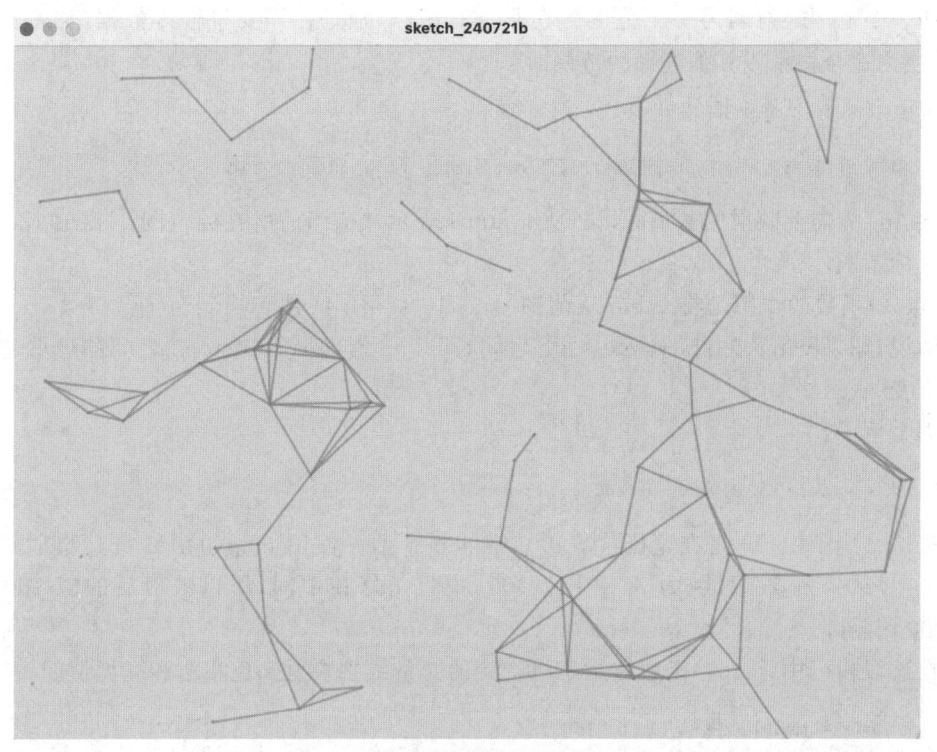

(a) 例8-3在第1帧的运行结果

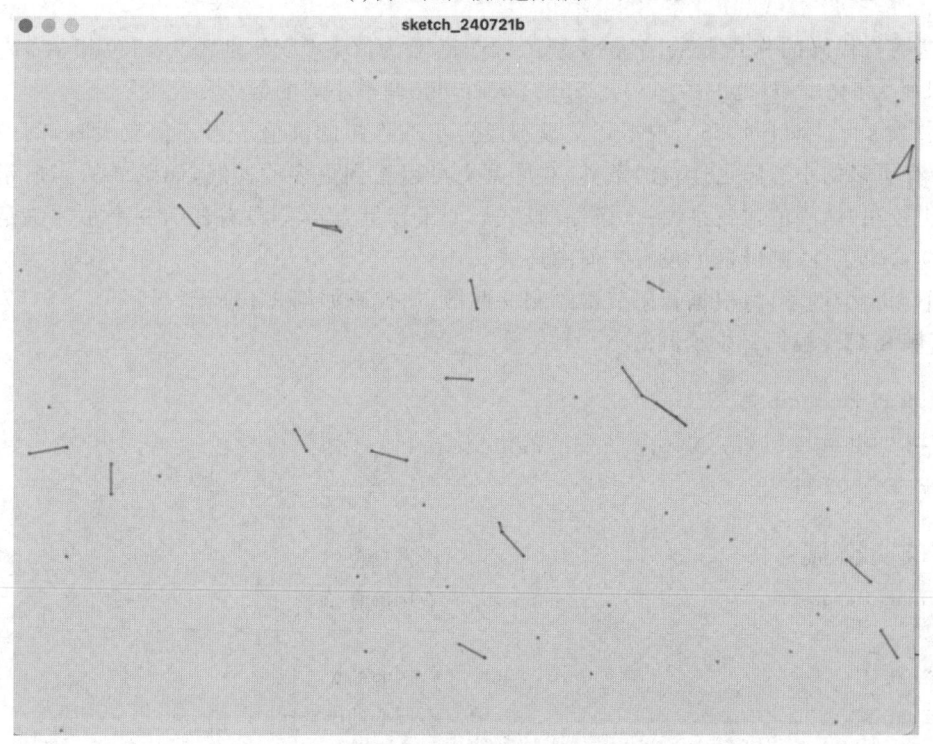

(b) 例8-3在第2帧的运行结果

图 8-5　例 8-3 在不同时刻的运行结果

在例 8-3 的程序中，用到 map() 函数，它是 Processing 中的一个内置函数，用于将一个数值从一个范围映射到另一个范围。它非常有用，特别是在需要将输入数据（如音频数据等）转换为适合显示或其他处理的范围时。

map() 函数的基本语法如下。

```
float map(float value, float start1, float stop1, float start2, float stop2)
```

其中，value 为需要映射的数值；start1 和 stop1 表示数值当前所在的范围；start2 和 stop2 表示目标范围。

map() 函数的作用是将 value 从范围[start1，stop1]线性转换到范围[start2，stop2]。换句话说，如果 value 在 start1 和 stop1 之间，那么它在 start2 和 stop2 之间的位置将保持相对不变。

举个例子：

```
float x = map(50, 0, 100, 0, 200);
```

在这个例子中，50 是在范围[0，100]中的一个值。使用 map() 函数将其映射到范围[0，200]，结果是 100。因为 50 在[0，100]中且正好在中间，所以映射后的值 100 也在[0，200]中间。

在这段代码中，map() 函数被用于将音频的音量级别映射到色相值和亮度值。

```
float hue = map(level, 0, 1, 0, 150);
float bright = map(level, 0, 1, 150, 255);
```

这两行代码的作用是将音量级别 level（范围为[0，1]）分别映射到色相值（范围为[0，150]）和亮度值（范围为[150，255]），从而动态调整小球的颜色和亮度。

参数 s = level * 250，根据音量级别设置小球连接的阈值。当音量较大时，阈值比较大，会有更多的小球满足连接的条件，在屏幕上可以看到更多的连线，如图 8-5(a)所示。当音量比较小时，阈值比较小，举个极端的例子，如果音量为 0，则没有任何两个小球满足距离小于 0 这个条件，则屏幕上没有任何的连线。

下面一个例子，将根据音乐节奏绘制一些散点，代码如例 8-4 所示。

【例 8-4】 根据音乐绘制散点。

```
import ddf.minim.*;
Minim minim;
AudioPlayer audio;

float baseHue;                    //基础色相
float diameter;                   //圆的直径

float X;                          //圆心的 X 坐标
float Y;                          //圆心的 Y 坐标

float hue;                        //色相
```

```processing
float sat;                                //饱和度
float bright;                             //亮度
float alpha;                              //透明度
void setup() {
  size(1000, 800);                        //设置画布大小为 1000×800px
  colorMode(HSB);                         //使用 HSB 颜色模式
  minim = new Minim(this);                //初始化 Minim 库
  audio = minim.loadFile("audio.mp3", 1024);//加载音频文件
  audio.loop();                           //音频循环播放
}
void draw() {
  noStroke();                             //不绘制边框
  fill(255, 20);                          //使用半透明白色填充背景
  rect(0, 0, width, height);              //绘制覆盖整个画布的矩形
//根据音频电平映射基础色相
  baseHue = map(audio.mix.level(), 0, 0.7, 0, 180);
//遍历音频缓冲区,根据随机值和音频值确定是否绘制圆
  for (int i = 0; i < audio.bufferSize(); i++) {
if (random(1) < abs(audio.mix.get(i))) {
//根据音频值映射圆的直径
    diameter = map(audio.mix.get(i), 0, 0.5, 10, 35);
    diameter *= random(0.5, 1.5);        //直径乘以一个随机值
//使用高斯分布生成 X 坐标
    X = randomGaussian() * 100 + width / 2;
//使用高斯分布生成 Y 坐标
    Y = randomGaussian() * 100 + height / 2;
//生成色相,在基础色相的基础上有一定的变化
    hue = baseHue + random(-20, 20);
    sat = random(200, 255);               //生成饱和度
    bright = random(200, 255);            //生成亮度
    alpha = random(80, 160);              //生成透明度
    if (diameter > 50) {  //如果直径大于 50,则调整透明度
      alpha = random(50, 80);
    }
    fill(hue, sat, bright, alpha);        //设置填充颜色
    ellipse(X, Y, diameter, diameter);    //绘制圆
   }
  }
}
```

运行结果如图 8-6 所示。

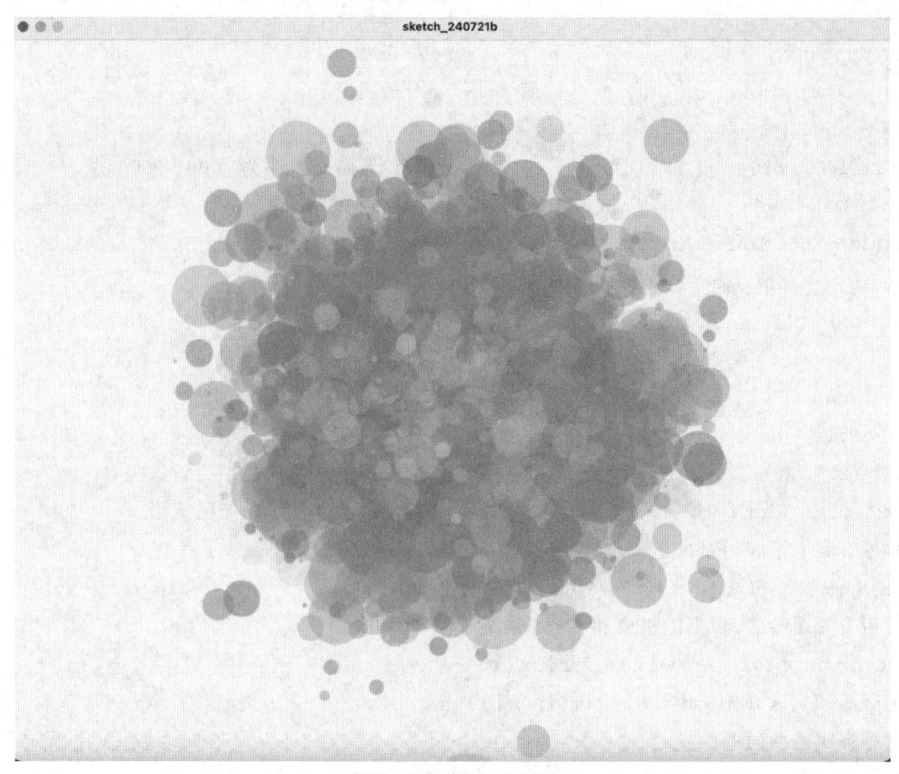

(a) 例8-4在第1帧的运行结果

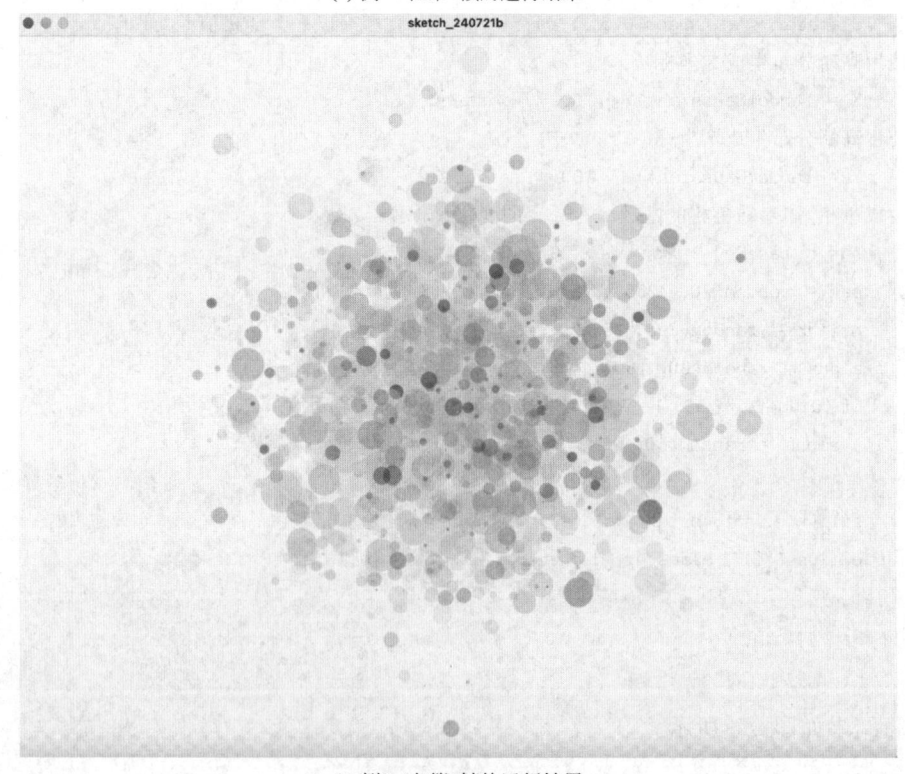

(b) 例8-4在第2帧的运行结果

图 8-6　例 8-4 在不同时刻的运行结果

在这个程序中,想要保留上一帧的残影效果。由于 Processing 中的 background 函数不支持设置透明度,因此不能直接使用它来实现这个效果。可通过以下方式来实现。

(1) 使用 fill(255,20);设置填充颜色为白色,并且设置透明度为 20。

(2) 绘制一个与屏幕大小相同的矩形 rect(0,0,width,height)。

这样做的结果是,在每一帧的绘制过程中,屏幕上的内容会被一个半透明的白色矩形覆盖,从而保留上一帧的残影效果。

if (random(1)< abs(audio.mix.get(i))这段代码的意思是,以一定概率绘制小球。

random(1):生成一个 0~1 的随机浮点数。

audio.mix.get(i):获取音频缓冲区中第 i 个样本的值。

abs(audio.mix.get(i)):获取该样本值的绝对值,以确保它是非负的。

这个条件的逻辑如下:audio.mix.get(i)代表音频信号在缓存中存储的 1024 个数值,值的范围为 -1~1。取绝对值是因为只关心信号的强度,而不是它的方向(正或负)。random(1)生成一个 0~1 的随机值。如果这个随机值小于音频样本值的绝对值(即 abs(audio.mix.get(i))),则条件为真,执行绘制圆形的代码。这样做的结果是,音频信号强度越大(接近 1),这个条件为真的概率就越高,就会绘制更多的小球。

下面解释这段高斯噪声的代码。

```
X = randomGaussian() * 100 + width / 2;
Y = randomGaussian() * 100 + height / 2;
```

randomGaussian():生成一个符合标准正态分布(均值为 0,标准差为 1)的随机数。

randomGaussian() * 100:将标准正态分布随机数乘以 100,使得生成的随机数具有均值为 0、标准差为 100 的高斯分布。+width/2,+height/2 将位置的均值设置为画布的中心(width / 2 和 height / 2),这样生成的坐标会在画布中心周围波动。

那么为什么使用高斯噪声呢?高斯分布生成的值大多数集中在均值附近,远离均值的值出现的概率较小。这种分布特性在视觉上会产生一种自然的、集中在画布中心的效果。相比于均匀分布,使用高斯噪声可以让圆形大部分集中在画布中心,同时保留一定的随机性,使得少量的圆形分布在远离中心的位置,从而形成一种既有秩序又有随机的视觉效果。许多自然现象(如测量误差、噪声、散射等)都服从高斯分布。因此,高斯噪声常用于模拟这些现象,增强视觉效果的自然感。

下面将展示 vertex 和 curveVertex 的区别,代码如例 8-5 所示。

【例 8-5】 vertex 和 curveVertex 的区别。

```
import ddf.minim.*;                              //导入 Minim 库
Minim minim;                                     //声明 Minim 对象
AudioPlayer groove;                              //声明 AudioPlayer 对象
void setup() {
  size(1024, 200);                               //设置窗口大小为 1024×200px
  minim = new Minim(this);                       //初始化 Minim 对象
  groove = minim.loadFile("jay.mp3", 1024);      //加载音频文件
  groove.loop();                                 //循环播放音频
}
```

```
void draw() {
  background(255);                                    //设置背景颜色为白色
  noFill();                                           //不填充形状内部
  stroke(#FF5F62);                                    //设置笔触颜色为红色
  beginShape();                                       //开始绘制形状
//遍历音频缓冲区,每 20 个样本取 1 个
  for(int i = 0; i < groove.bufferSize(); i += 20) {
    vertex(i, abs(groove.left.get(i) * 80 + 50));     //绘制左声道波形的顶点
  }
  endShape();                                         //结束绘制形状

  stroke(#5FB0FF);                                    //设置笔触颜色为蓝色
  beginShape();                                       //开始绘制形状
//遍历音频缓冲区,每 20 个样本取 1 个
  for(int i = 0; i < groove.bufferSize(); i += 20) {
//绘制右声道波形的曲线顶点
    curveVertex(i, abs(groove.right.get(i) * 80 + 150));
  }
  endShape();                                         //结束绘制形状
}
```

运行结果如图 8-7 所示。

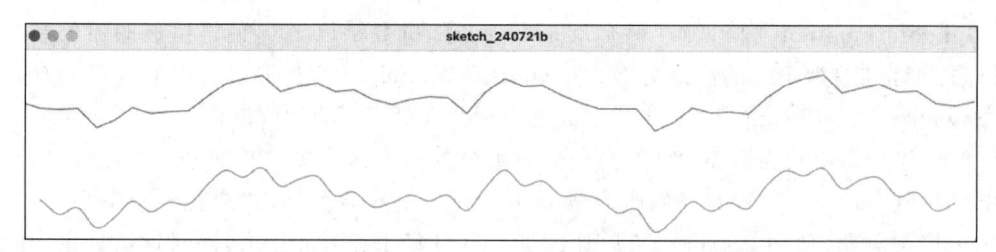

图 8-7 例 8-5 运行结果

上面这条红线表示左声道,下面的蓝色线表示右声道。

vertex(x,y)函数用于定义顶点位置,并连接这些顶点形成直线段。

在 beginShape()和 endShape()之间使用 vertex()可以创建多边形或折线。

在下面的蓝色线条中,curveVertex(x,y)函数用于定义曲线顶点,生成的曲线更平滑。与 vertex()不同,curveVertex()用于绘制基于样条曲线的平滑曲线。读者通过这里可以观察到这两者的区别。

练习 8.1:
用自己的音频文件更改例 8-5,生成自己的音乐可视化作品。

练习 8.2:
编写一个程序,使用 Minim 库播放音频并根据音频的音量变化生成一个大小随音量变化的图形,图形的位置随鼠标变化,可以使用简单的圆形,如图 8-8 所示,也可以使用更复杂

的图形。

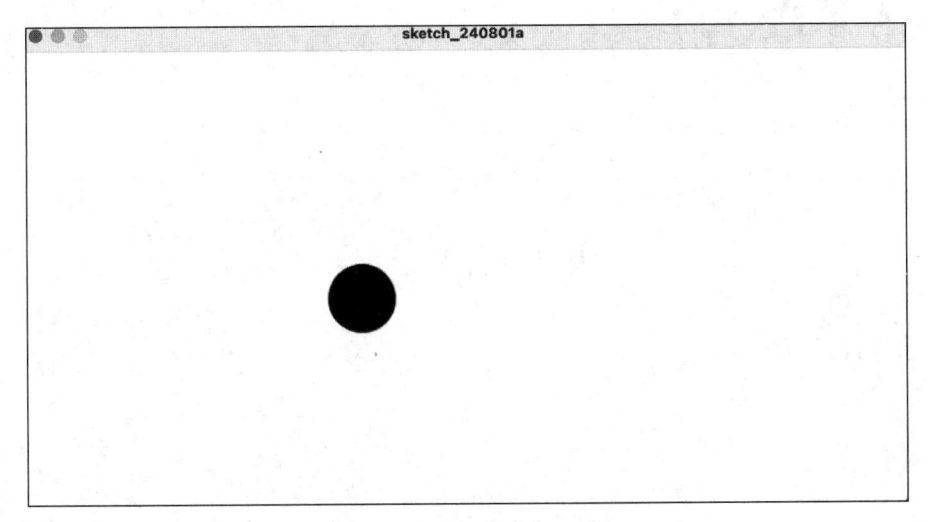

图 8-8 练习 8.2 目标结果

第 9 章

视频和交互

本章深入探讨了如何通过摄像头和视频文件实现交互式设计。使用 Processing 的读者可以将视频输入与程序结合，创建动态且富有创意的交互效果。通过学习本章，读者将能够理解如何处理实时数据，并将其应用于创作过程。视频和交互设计广泛应用于展览、表演艺术和互动装置，是现代创意编程的重要组成部分。

9.1 使用摄像头进行交互设计

Processing 的 Video 库允许用户处理视频文件和捕捉摄像头的实时视频。可以使用这个库加载、播放和控制视频文件，以及从摄像头捕捉实时视频并进行处理。它提供了许多强大的功能来处理视频数据，适合进行各种创意项目。

9.1.1 安装 Video 库

首先，启动 Processing 开发环境。在 Processing 的菜单栏中，选择 Sketch→Import Library→Add Library 选项。

在库管理器中，输入"video"进行搜索，会看到一个名为 Video 的库，根据 Processing 版本的不同，可能是 Video Library for Processing 3 或者 Processing 4，如图 9-1 所示。单击 Install 按钮，Processing 将自动下载并安装 Video 库。安装完成后，就可以在 Processing 代码中使用 import processing.video.* 命令来导入 Video 库。

下面的例子是一个基本的打开摄像头的程序。现在就可以在窗口中显示摄像头捕捉到的内容了，代码如例 9-1 所示。

【例 9-1】 显示摄像头捕捉到的内容。

```
import processing.video.*;
Capture cam;
void setup() {
```

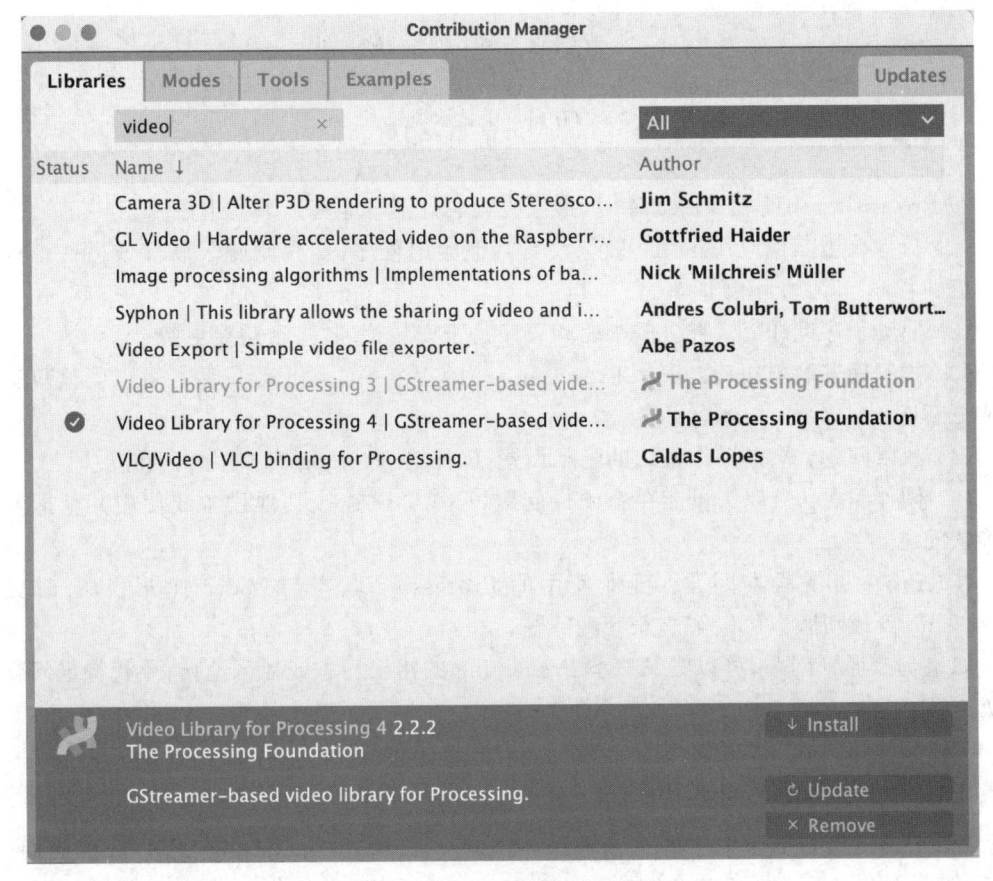

图 9-1 Video 库的安装界面

```
  size(640, 480);                    //设置窗口大小为 640×480px
  //列出所有可用的摄像头
  String[] cameras = Capture.list();
  //检查是否有可用摄像头
  if (cameras.length == 0) {
    println("没有可用的摄像头.");
    exit();
  } else {
    //输出所有可用摄像头的名称
    println("可用的摄像头:");
    for (int i = 0; i < cameras.length; i++) {
      println(cameras[i]);
    }
    //使用第一个可用的摄像头
    cam = new Capture(this, cameras[0]);
    cam.start();                     //开始捕捉视频
  }
}
void draw() {
```

```
  if (cam.available() == true) {
    cam.read();                    //读取摄像头的当前帧
  }
  image(cam, 0, 0, width, height); //在窗口中显示视频
}
```

在 Processing 中使用 Video 库时,摄像头无法打开可能有以下 6 个原因。

(1)摄像头被其他应用占用:确保没有其他应用程序(如视频聊天软件或另一个处理视频流的程序)正在使用摄像头。

(2)驱动程序问题:检查摄像头驱动程序是否安装正确,是否需要更新。

(3)视频库安装不正确:确保 Processing 中的 Video 库已正确安装。可以尝试重新安装或更新库。

(4)权限问题:检查操作系统的隐私设置,确保 Processing 有权限访问摄像头。

(5)硬件问题:摄像头可能存在硬件问题,可以尝试连接其他设备或使用其他摄像头来确认问题。

(6)Processing 版本问题:确保使用的 Processing 版本与 Video 库兼容,有时更新 Processing 到最新版本可以解决兼容性问题。

如果仍然遇到问题,可以尝试查看 Processing 的错误日志或社区论坛,寻找特定问题的解决方案。

9.1.2 使用 Video 库

下面的例子将对视频捕捉到的内容做一些更改,来得到不同的视觉效果,代码如例 9-2 所示。

【例 9-2】 对视频内容进行模糊和二值化处理。

```
import processing.video.*;
Capture cam;
void setup() {
  size(800, 600);
  String[] cameras = Capture.list();

  if (cameras.length == 0) {
    println("There are no cameras available for capture.");
    exit();
  } else {
    cam = new Capture(this, cameras[0]);
    cam.start();
  }
}
void draw() {
  if (cam.available() == true) {
    cam.read();
  }
```

```
  image(cam, 0, 0, width, height);
  filter(THRESHOLD, 0.5);              //应用阈值滤镜
  filter(BLUR, 2);                     //应用模糊滤镜以创建素描效果
}
```

运行结果如图 9-2 所示。

图 9-2 例 9-2 运行结果

"filter(THRESHOLD,0.5);"中 THRESHOLD 是滤镜类型,它将图像转换为黑白图像,类似于二值化处理。0.5 是阈值参数,它决定了图像中每个像素点是变为黑色还是白色。值的范围是 0~1,0.5 表示图像中灰度值高于 50% 的像素点变为白色,低于 50% 的像素点变为黑色。

"filter(BLUR,2);"中 BLUR 是滤镜类型,它将图像进行模糊处理。2 是模糊程度的参数,表示模糊的强度。值越大,图像就越模糊。

下面的例子将制作一个狭缝摄影的效果,把摄像头中间的一个狭缝区域复制到整个窗口,代码如例 9-3 所示。

【例 9-3】 狭缝摄影的实现。

```
import processing.video.*;
Capture cam;
int x = 0;
void setup() {
  size(1600, 400);
  String[] cameras = Capture.list();
```

```
    if (cameras.length == 0) {
      println("There are no cameras available for capture.");
      exit();
    } else {
      cam = new Capture(this, 800,400,cameras[0]);
      cam.start();
    }
  }
  void draw() {
    if (cam.available() == true) {
      cam.read();             //如果摄像头有新的一帧视频数据可用,读取这帧数据
    }
    
    int w = cam.width;        //获取摄像头捕捉窗口的宽度
    int h = cam.height;       //获取摄像头捕捉窗口的高度
    
    copy(cam, w/2, 0, 1, h, x, 0, 1, h);
    //从摄像头捕捉的图像中复制一条宽度为1像素、高度为h像素的垂直线
    //复制区域起始坐标为(w/2, 0),即摄像头图像的中间
    //目标区域起始坐标为(x, 0),即画布上的x坐标
    //每次将这条垂直线复制到画布上
    x = x + 1;                //增加x的值,使复制位置向右移动
  }
```

运行结果如图 9-3 所示。

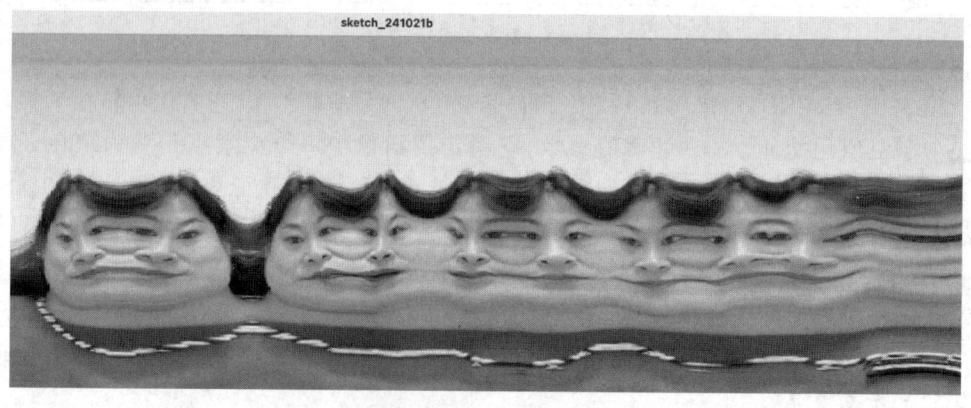

图 9-3　例 9-3 运行结果

这段代码通过从摄像头图像中间捕捉一条垂直线,并逐步将其复制到画布上,实现了一个从左到右的动态图像展示效果。

下面的例子中将和人脸识别技术结合,像安装 Video 库一样,在 Library 下面搜索 OpenCV 并且安装。

OpenCV 库是一个强大的计算机视觉库,用于处理图像和视频数据。在 Processing 中

使用 OpenCV 库可以实现诸如人脸检测、图像过滤等复杂功能。通过加载 OpenCV 的级联分类器，可以在图像中检测到人脸。opencv.detect()方法返回一个包含所有检测到的人脸的矩形数组。代码如例 9-4 所示。

【例 9-4】 人脸检测。

```
import gab.opencv.*;                                //导入 OpenCV 库
import processing.video.*;                          //导入 Processing 视频库
import java.awt.Rectangle;                          //导入 Java 的矩形类
Capture cam;                                        //声明 Capture 对象,用于捕捉摄像头视频
OpenCV opencv;                                      //声明 OpenCV 对象,用于处理视频图像
void setup() {
  size(600, 480);                                   //设置画布大小为 600×480px
  String[] cameras = Capture.list();                //列出所有可用的摄像头
  if (cameras.length == 0) {
    println("There are no cameras available for capture."); //如果没有可用摄像头,打印提示信息
    exit();                                         //退出程序
  } else {
    cam = new Capture(this, cameras[0]);            //初始化摄像头捕捉对象
    cam.start();                                    //开始捕捉视频
  }

  opencv = new OpenCV(this, cam.width, cam.height);//初始化 OpenCV 对象,设置捕捉窗口大小
  opencv.loadCascade(OpenCV.CASCADE_FRONTALFACE);   //加载 OpenCV 的人脸检测级联分类器
}
void draw() {
  if (cam.available() == true) {
    cam.read(); //如果摄像头有新的一帧视频数据可用,读取这帧数据
  }

  image(cam, 0, 0);                                 //在画布上显示摄像头捕捉到的视频图像
  opencv.loadImage(cam);                            //将摄像头图像加载到 OpenCV 对象中

  Rectangle[] faces = opencv.detect(); //检测图像中的人脸,并返回人脸的矩形数组
  noFill();                                         //不填充形状
  stroke(0, 255, 0);                                //设置描边颜色为绿色
  for (int i = 0; i < faces.length; i++) { //遍历所有检测到的人脸
    rect(faces[i].x, faces[i].y, faces[i].width, faces[i].height); //在每个检测到的人脸上
                                                    //绘制矩形框
  }
}
```

运行结果如图 9-4 所示。

下面的例子将从摄像头捕捉视频,并通过遍历视频帧中的像素,将每个像素的亮度值映射为色相值,然后绘制为彩色矩形网格,从而形成一个动态的类似红外线马赛克效果,代码如例 9-5 所示。

图 9-4　例 9-4 运行结果

【例 9-5】 制作动态马赛克效果。

```
import processing.video.*;
Capture cam;
void setup() {
  size(640, 480);
  colorMode(HSB);
  String[] cameras = Capture.list();
  if (cameras.length == 0) {
    println("没有可用的摄像头.");
    exit();
  } else {
    println("可用的摄像头:");
    for (int i = 0; i < cameras.length; i++) {
      println(cameras[i]);
    }
    cam = new Capture(this, cameras[0]);
    cam.start();              //开始捕捉视频
  }
}
void draw() {
  if (cam.available() == true) {
    cam.read();               //读取摄像头的当前帧
  }

  int spacing = 5;            //设置网格的间距为 5px
  noStroke();                 //不绘制边框
```

```
  for (int x = 0; x < width; x += spacing) {  //以 5px 为间距遍历所有水平像素
    for (int y = 0; y < height; y += spacing) {  //以 5px 为间距遍历所有垂直像素
      color col = cam.get(x, y);                //获取摄像头图像中(x, y)位置的颜色值
      float hueValue = map(brightness(col), 0, 255, 255, 0);  //将亮度值映射到色相值
      fill(hueValue, 200, 255);     //设置填充颜色为映射后的色相值,饱和度为 200,亮度为 255
      rect(x, y, spacing, spacing); //绘制 (x, y) 位置大小为 5×5px 的矩形
    }
  }
}
```

其运行结果如图 9-5 所示。

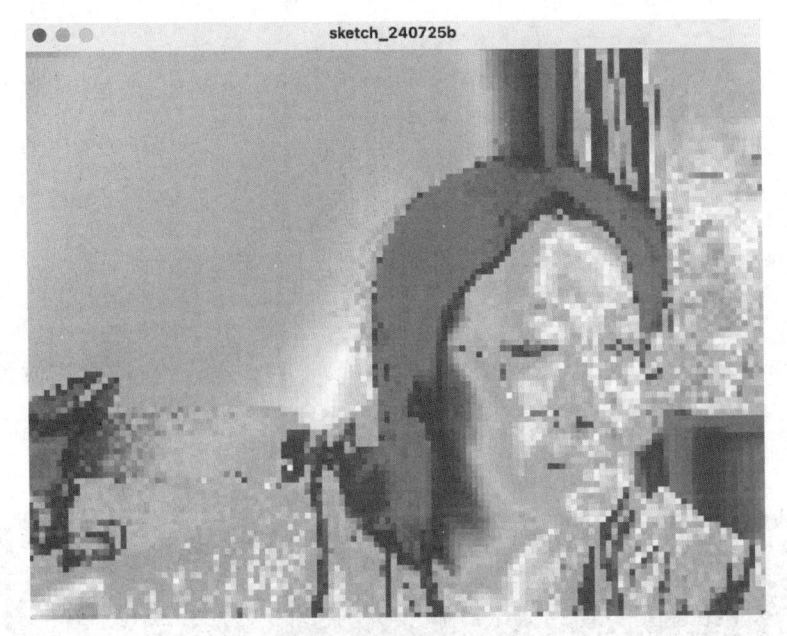

图 9-5 例 9-5 运行结果

color col ＝cam.get(x，y)：get()函数将获取摄像头图像中(x,y)位置的颜色值。

float hueValue ＝ map(brightness(col)，0，255，255，0)：将亮度值从范围[0，255]映射到色相值[255，0](将亮度高的像素映射到低的色相值)。

下面的例子将对视频进行简单的边缘检测,代码如例 9-6 所示。

【例 9-6】 视频进行边缘检测。

```
import processing.video.*;              //导入 Processing 的视频库
Capture cam;                            //声明一个 Capture 对象,用于获取摄像头的视频流
void setup() {
  size(800, 600);                       //设置画布大小为 800×600px
  cam = new Capture(this, width, height); //创建 Capture 对象并设置大小为画布大小
  cam.start();                          //启动摄像头
}
```

```
void draw() {
  if (cam.available() == true) {    //检查摄像头是否有新的一帧
    cam.read();                      //读取新的一帧
  }
  loadPixels();                      //加载当前画布的像素数据
  cam.loadPixels();                  //加载摄像头帧的像素数据

  for (int y = 1; y < height - 1; y++) {  //遍历每个像素(跳过边缘像素)
    for (int x = 1; x < width - 1; x++) {
      int loc = x + y * width;       //计算当前像素在一维数组中的索引
      color c = cam.pixels[loc];     //获取当前像素的颜色值
      //获取当前像素周围4个方向的亮度值
      float left = brightness(cam.pixels[loc - 1]);
      float right = brightness(cam.pixels[loc + 1]);
      float up = brightness(cam.pixels[loc - width]);
      float down = brightness(cam.pixels[loc + width]);
      //计算水平和垂直方向的亮度差值之和
      float diff = abs(left - right) + abs(up - down);
      pixels[loc] = color(diff);     //根据亮度差值设置当前像素的颜色
    }
  }
  updatePixels();                    //更新画布中的像素数据,将处理后的图像显示在屏幕上
}
```

运行结果如图 9-6 所示。

图 9-6　例 9-6 运行结果

双重循环遍历每一个像素（跳过边缘像素，因为边缘像素没有完整的上下左右像素可用）。int loc = x + y * width 用来计算当前像素在一维数组中的索引。color c = cam.pixels[loc]用来获取当前像素的颜色值。

float left = brightness(cam.pixels[loc - 1])获取当前像素左边一个像素的亮度值。

float right = brightness(cam.pixels[loc + 1])获取当前像素右边一个像素的亮度值。

float up = brightness(cam.pixels[loc - width])获取当前像素上方一个像素的亮度值。

float down = brightness(cam.pixels[loc + width])获取当前像素下方一个像素的亮度值。

float diff = abs(left - right) + abs(up - down)计算当前像素的水平和垂直亮度差的绝对值之和，表示该像素的边缘强度。

pixels[loc] = color(diff)根据边缘强度值设置当前像素的颜色（灰度值）。

这段代码通过计算每个像素的水平和垂直方向上的亮度差值，来检测图像中的边缘。亮度差值大的地方（即边缘部分）会显示为亮色（高灰度值），而亮度差值小的地方会显示为暗色（低灰度值），从而实现边缘检测的效果。

还可以将摄像头中的内容和前面写过的 class 结合，做一个有趣的互动。这段代码通过摄像头捕捉视频，并在视频上叠加一些模拟气泡效果的球体。这些球体在画布上从上向下掉落，当它们与背景图像中的亮度较低的部分接触时，向上移动，代码如例 9-7 所示。

【例 9-7】 视频与气泡进行交互。

```
import processing.video.*;
Capture cam;                                //声明摄像头捕捉对象
Ball[] balls;                               //声明 Ball 数组,用于存储多个 Ball 对象
void setup() {
  size(1280, 720);                          //设置画布大小为 1280×720px
  colorMode(HSB);                           //设置颜色模式为 HSB(色相、饱和度、亮度)
  cam = new Capture(this, 1280, 720, 30);   //初始化摄像头捕捉对象,设置尺寸和帧率
  cam.start();                              //开始捕捉视频
  balls = new Ball[250];                    //初始化 Ball 数组,存储 250 个 Ball 对象
  for (int i = 0; i < balls.length; i++) {
    balls[i] = new Ball();                  //创建每个 Ball 对象
  }
}
void draw() {
  if (cam.available() == true) {
    cam.read();                             //读取摄像头的当前帧
  }
  image(cam, 0, 0);                         //显示摄像头捕捉的图像
```

```
    for (int i = 0; i < balls.length; i++) {
      balls[i].update();                       //更新每个 Ball 的位置
      balls[i].display();                      //显示每个 Ball
    }
  }
class Ball {
    float x;                                   //Ball 的 x 坐标
    float y;                                   //Ball 的 y 坐标
    float yspeed;                              //Ball 的垂直速度
    color col;                                 //Ball 的颜色
    float r;                                   //Ball 的半径
    Ball() {
      r = random(10, 30);                      //随机设置 Ball 的半径
      x = random(r, width - r);                //随机设置 Ball 的 x 坐标,确保 Ball 在画布内
      y = random( - height / 2, - r);          //随机设置 Ball 的初始 y 坐标,使其在画布上方
      col = color(random(0, 255), 220, 255, 50); //随机设置 Ball 的颜色(色相、饱和度、亮度、透明度)
      yspeed = random(2, 4);                   //随机设置 Ball 的垂直速度
    }
    void update() {
      y += 5;                                  //每帧将 Ball 向下移动 5px
      if (y > 0 && y < height) {
        up(cam);                               //如果 Ball 在画布内,检查其亮度
      }
      if (y > height + r) {
        y = - r;                               //如果 Ball 超出画布底部,将其重置到画布上方
        x = random(r, width - r);              //重置 Ball 的 x 坐标
      }
    }
    void display() {
      fill(col);                               //设置填充颜色
      noStroke();                              //不绘制边框
      ellipse(x, y, r, r);                     //绘制圆形
    }
    void up(PImage img) {
      while (brightness(img.get(int(x), int(y))) < 127 && y > 0) {
        y--;       //如果当前像素的亮度低于 127,且 y 坐标大于 0,则向上移动 Ball
      }
    }
  }
}
```

运行结果如图 9-7 所示。

在 update() 函数中,如果 Ball 在画布内,则调用 up() 方法检查其位置处的像素亮度。如果该像素亮度低于 127,则 Ball 会向上移动,模拟气泡遇到障碍物上浮的效果。

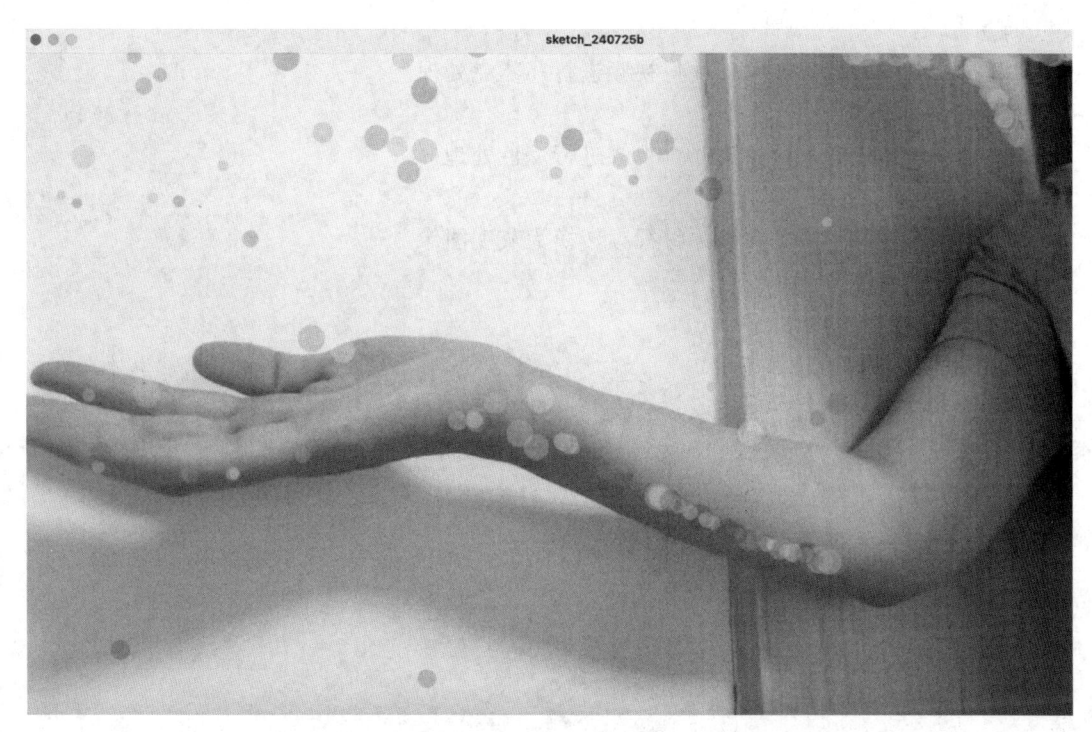

图 9-7　例 9-7 运行结果

9.2　使用视频文件

下面的程序是一个基本的视频文件播放示例。在摄像头捕捉程序中实现的所有变化和效果，都可以应用于视频文件播放，代码如例 9-8 所示。

【例 9-8】　使用视频文件。

```
import processing.video.*;
Movie myMovie;
void setup() {
    size(640, 480);                              //设置窗口大小为 640×480px
    myMovie = new Movie(this, "example.mp4");    //加载视频文件
    myMovie.loop();                              //循环播放视频
}
void draw() {
    image(myMovie, 0, 0, width, height);         //在窗口中显示视频
}
//必须定义 movieEvent()函数来读取新帧
void movieEvent(Movie m) {
    m.read();
}
```

注意，这里面的视频文件需要替换成自己的文件，并且加入程序文件的 data 文件夹中。

练习 9.1：
编写一个程序，打开摄像头并将视频进行马赛克处理。
练习 9.2：
编写一个程序，打开摄像头并对视频进行反色处理。
练习 9.3：
编写一个程序，打开摄像头并将视频转换为灰度图像。

第 10 章

字 符 串

字符串处理是程序设计中不可或缺的一部分，本章介绍了字符串的基础知识以及如何在 Processing 中处理和显示文本。通过掌握字符串操作，读者可以在创作中引入文本元素，扩展其艺术表达的形式。无论是创作基于文字的作品，还是设计动态的文本效果，字符串的应用为编程提供了更多的可能性。在实际应用中，处理字符串也是数据输入、输出的重要手段。

10.1 字符串基础知识

在 Processing 中，字符串(String)是一种常用的数据类型，用于存储和操作文本。字符串在许多应用中都有广泛的使用，例如，显示文本、处理用户输入、读取和写入文件等。

10.1.1 创建字符串

以下案例创建了字符串变量 greeting 并赋值为 "Hello，World!"，代码如例 10-1 所示。

【例 10-1】 创建字符串。

```
String greeting = "Hello, World!";
void setup() {
  size(400, 300);                    //设置画布大小为 400×300px
//赋值字符串变量 greeting 的值为 "programming is great"
  greeting = "programming is great";
//text 命令，表示在画布上的(200, 200)位置显示字符串
  text(greeting, 200, 200);
  println(greeting);                 //在控制台打印字符串 greeting
}
```

10.1.2 字符串操作

字符串操作包括连接字符串、获取字符串长度、访问字符串中某个位置的字符、查找字符串等，以便更有效地处理和操作字符串。

（1）连接字符串。

```
String firstName = "John";
String lastName = "Doe";
String fullName = firstName + " " + lastName;
println(fullName)
```

假设有字符串 greeting = "Hello，World!"，下面的表格第一行表示字符，第二行表示每个字符所在的索引。

H	e	l	l	o	,		W	o	r	l	d	!
0	1	2	3	4	5	6	7	8	9	10	11	12

（2）获取字符串长度。

```
int length = greeting.length();   //返回 13
```

（3）访问字符串中某个位置的字符，例如：

```
//获得第 0 个索引的字符，即 'H'
char firstChar = greeting.charAt(0);
```

（4）查找子字符串。

```
//"World"所在的索引位置，返回 7
int index = greeting.indexOf("World");
```

（5）截取子字符串。

```
//从索引 7 开始，到 12 结束，左开右闭的区间，返回"World"
String sub = greeting.substring(7, 12);
```

（6）转换大小写。

```
String upper = greeting.toUpperCase(); //"HELLO, WORLD!"
String lower = greeting.toLowerCase(); //"hello, world!"
```

（7）分割字符串。

```
String sentence = "This is a test";
String[] words = sentence.split(" ");
for(int i = 0;i < words.length;i++){
        println(words[i]);
}
```

分割后的字符串输出结果如图 10-1 所示。

(8) 替换子字符串。

```
String greeting = "Hello, World!";
String newGreeting = greeting.replace("World", "Processing");
println(newGreeting);
//输出结果为:Hello, Processing!
```

图 10-1　分割字符串的运行结果

(9) 格式化字符串。

```
  String formatted = String.format("Hello, %s!", "Alice");
//输出结果为:Hello, Alice!
```

在这个例子中，第一个参数"Hello，%s!"是格式字符串，其中，%s 是一个占位符，用于表示将插入一个字符串。

第二个参数"Alice"是将被插入占位符%s 位置的实际字符串。格式化后的字符串"Hello，Alice!"被赋值给变量 formatted。

String.format()方法支持各种格式说明符。格式说明符以"%"开头，用于指定格式化参数的类型和格式。以下是常用的格式说明符及示例：

%s：字符串。

```
String name = "Alice";
String greeting = String.format("Hello, %s!", name);
println(greeting);              //输出: Hello, Alice!
```

%d：整数。

```
int age = 30;
String info = String.format("Age: %d", age);
println(info);     //输出: Age: 30
```

%f：浮点数。

```
float temperature = 24.5f;
String tempInfo = String.format("Temperature: %.2f℃", temperature);
println(tempInfo);    //输出: Temperature: 24.50℃
```

对于浮点型，可以指定最小宽度和小数点后的位数，%.2f 表示保留两位小数的浮点数。又如：

```
double pi = 3.141592653589793;
String formattedPi = String.format("Pi: %.2f", pi);
println(formattedPi);   //输出: Pi: 3.14
```

10.2　字符串应用

下面是一些在 Processing 中应用字符串的案例，读者也可以把字符串和前面的其他案例结合起来进行创作。

利用字符串和 Processing 的图形功能，可以创建动态的文字效果。例如，制作一个字符串在屏幕上移动的动画，代码如例 10-2 所示。

【例 10-2】 创建动态文字效果。

```
//定义字符串变量 message,内容为 "Hello, Processing!"
String message = "Hello, Processing!";
float x = 0;            //定义浮点变量 x,并初始化为 0,用于表示文字的 x 坐标
float y = 100;          //定义浮点变量 y,并初始化为 100,用于表示文字的 y 坐标

void setup() {
  size(800, 200);       //设置画布大小为 800×200px
  textSize(32);         //设置文字大小为 32px
}

void draw() {
  background(255);      //将背景颜色设置为白色
//更新 x 坐标,使其每帧增加 2,当 x 超过画布宽度时从头开始
  x = (x + 2) % width;
  fill(0);              //设置填充颜色为黑色
  text(message, x, y);  //在(x, y)坐标位置绘制文本 message
}
```

运行结果如图 10-2 所示。

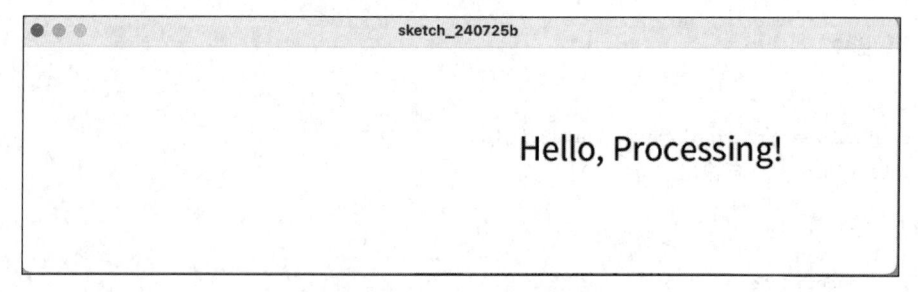

图 10-2　例 10-2 运行结果

下面这段代码的效果是一个逐字显示字符串 message 的打字机效果，代码如例 10-3 所示。

【例 10-3】 打字机效果。

```
String message = "Hello, Processing!"; //定义一个字符串 message,内容为 "Hello, Processing!"
int index = 0;                //定义一个整数 index,用于控制显示的字符数

void setup() {
  size(800, 200);             //设置画布大小为 800×200px
  textSize(32);               //设置文本大小为 32px
  frameRate(10);              //设置帧率为 10
}
void draw() {
```

```
    background(255);              //将背景颜色设置为白色
    if (index < message.length()) { //如果 index 小于字符串长度
      index++;                    //递增 index
    }
    String displayText = message.substring(0, index);  //获取从头到 index 的子字符串
    fill(0);                      //设置文本颜色为黑色
    text(displayText, 50, 100);   //在 (50, 100) 位置绘制文本
}
```

结果如图 10-3 所示。

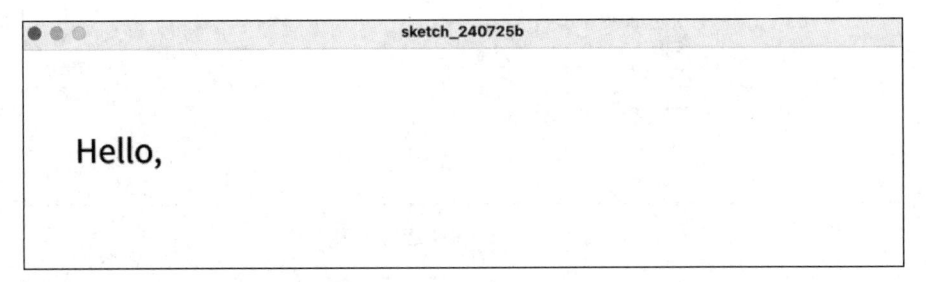

图 10-3　例 10-3 运行结果

在画布上，字符串 message 的内容会一个一个字符地显示出来。每一帧，index 递增，从而在下一帧显示更多的字符。设置的帧率为 10，这意味着每秒显示 10 个字符。整个过程持续到完整的字符串显示完毕。

【例 10-4】　实现波浪文字效果。

```
PFont myFont;
//要显示的字符串消息
String message = "Wavy Text Effect! The font Kelson is no longer available on Font Squirrel.";
float waveAmplitude = 20;        //波浪的振幅
float waveFrequency = 0.1;       //波浪的频率
float yBase = 100;               //基准 y 坐标

void setup() {
  size(800, 200);                //设置画布大小为 800×200px
//创建字体对象，参数为字体文件名和字体大小
  myFont = createFont("AlexBrush-Regular.ttf", 32);
  textFont(myFont);              //设置字体
}

void draw() {
  background(255);               //将背景颜色设置为白色
  fill(#790B6E);                 //设置文本颜色为黑色

  //遍历字符串的每一个字符
  for (int i = 0; i < message.length(); i++) {
    char c = message.charAt(i);  //获取字符串中的第 i 个字符
```

```
      float x = 50 + i * 30;              //计算字符的 x 坐标,字符之间间隔 30px
      float y = yBase + sin(frameCount * waveFrequency + i) * waveAmplitude; //计算字符的 y
                                                                              //坐标,实现波浪效果
      text(c, x, y);                      //在(x, y)位置绘制字符
  }
}
```

其运行结果如图 10-4 所示。

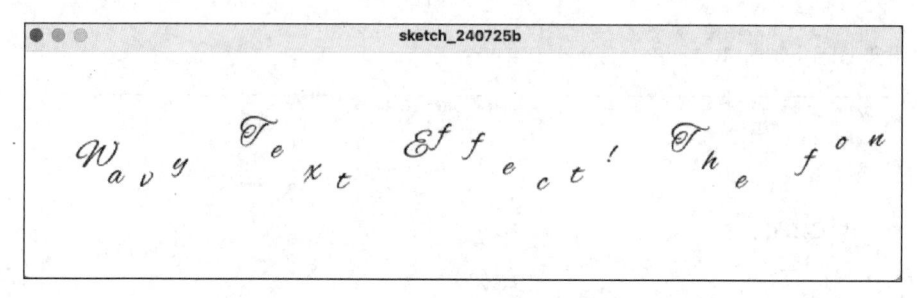

图 10-4 例 10-4 运行结果

在 Processing 中,可以使用 createFont()函数来创建字体,并使用 textFont()函数来设置文本的字体。使用自定义字体的步骤如下。

(1) 下载字体文件:确保有想要使用的字体文件(如.ttf 文件)。

(2) 放置字体文件:将字体文件放置在 Processing 项目的 data 文件夹中。

(3) 创建并设置字体:使用 createFont()函数创建字体,然后使用 textFont()函数设置字体。

下载字体.ttf 文件的网站有很多,如 fontsquirrel 网站(网址详见前言中的二维码),如图 10-5 所示。

可以单击 DOWNLOAD OTF 按钮来进行下载。

Processing 还可以接收用户的文本输入。

【例 10-5】 实现简单的文本输入。

```
//定义一个空字符串变量 input,用于存储用户输入的字符
String input = "";
void setup() {
  size(800, 200);                    //设置画布大小为 800×200px
  textSize(32);                      //设置文字大小为 32px
  fill(0);                           //设置文字颜色为黑色
}
void draw() {
  background(255);                   //将背景颜色设置为白色
  text("Input: " + input, 50, 100);  //在画布上显示文本 "Input: " 和用户输入的字符
}
void keyPressed() {
  if (key == BACKSPACE) { //如果按下的键是 BackSpace 键
    if (input.length() > 0) { //如果输入的字符串长度大于 0
```

图 10-5　字体下载网站

```
    input = input.substring(0, input.length() - 1); //删除输入字符串的最后一个字符
  }
} else if (key == ENTER || key == RETURN) { //如果按下的键是 Enter 键
  input = "";                          //清空输入字符串
} else {
  input += key;                        //将按下的键添加到输入字符串的末尾
  }
}
```

　　keyPressed()函数在用户按任意键时执行。如果按 BackSpace 键,且输入字符串长度大于 0,则删除输入字符串的最后一个字符。如果按下的是 Enter 键,则清空输入字符串。否则,将按下的键添加到输入字符串的末尾。

　　这段代码实现了一个简单的文本输入功能,用户在程序运行时可以通过键盘输入字符,这些字符会显示在画布上。按下 BackSpace 键可以删除最后一个字符,按下 Enter 键可以清空输入内容。

利用字符串数组,可以创建一个简单的文字云效果,根据每个单词的频率显示不同大小的文字,代码如例10-6所示。

【例10-6】 文字云效果。

```
//定义一个字符串数组 words,存储要显示的单词
String[ ] words = {"Processing", "Java", "Code", "Creative", "Art", "Animation", "Interactive"};
//定义一个整数数组 frequencies,存储每个单词对应的频率,用于设置文字大小
int[ ] frequencies = {5, 3, 8, 2, 4, 6, 1};

void setup() {
  size(800, 600);                //设置画布大小为 800×600px
  textAlign(CENTER, CENTER);     //设置文本对齐方式为居中对齐
}

void draw() {
  background(255);               //将背景颜色设置为白色
  for (int i = 0; i < words.length; i++) {  //遍历 words 数组中的每个单词
textSize(frequencies[i] * 10); //设置文本大小为频率乘以 10
//设置填充颜色为随机颜色
fill(random(255), random(255), random(255));
//在画布上随机绘制单词
    text(words[i], random(width), random(height));
  }
}
```

运行结果如图10-6所示。

还可以用人像和字符串进行结合,形成一个由文字组成的人像,程序从文本文件中读取文本,然后使用图片的亮度信息来确定每个字符的大小,代码如例10-7所示。

【例10-7】 字符串组成人像效果。

```
String txt;                             //声明一个字符串变量,用于存储从文件中读取的文本
PImage pic;                             //声明一个 PImage 对象,用于存储加载的图片

void setup() {
  size(800, 800);                       //设置画布大小为 800×800px

  String[]lines = loadStrings("百年孤独.txt");  //从文件中读取文本,每行作为数组的一个元素
  txt = "";                             //初始化 txt 为空字符串
  for (int i = 0; i < lines.length; i++) {    //遍历每一行
    txt += lines[i];                    //将每一行的文本添加到 txt 字符串
  }

  println(txt.length());                //打印出字符串的长度

  pic = loadImage("ji1.jpeg");          //加载图片
```

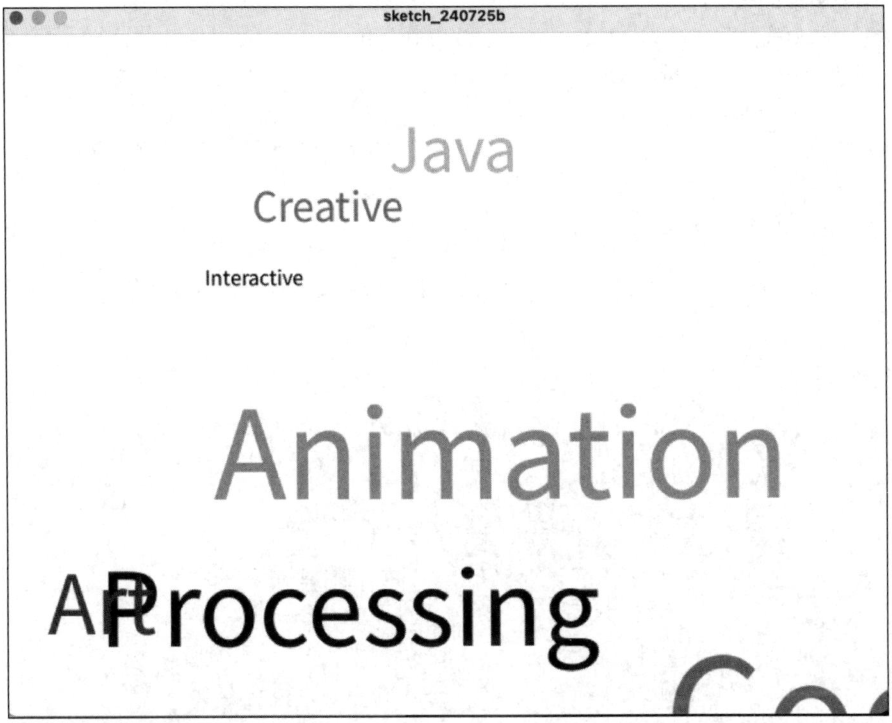

图 10-6　例 10-6 运行结果

```
pic.resize(width, height);            //调整图片大小以匹配画布大小

PFont font = createFont("PingFangHK - Light", 30);   //创建字体
textFont(font);                       //设置字体
textAlign(LEFT, BOTTOM);              //设置文本对齐方式
textSize(10);                         //设置文本大小
fill(0);                              //设置文本颜色为黑色

int space = 10;                       //设置行间距
int index = 0;                        //设置字符串索引,用于迭代字符串中的字符
//从上到下遍历画布的每一行
for (int y = space; y < height + space; y += space * 2) {
  float x = 0;                        //初始化 x 坐标
  while (x < width) {    //从左到右遍历画布的每一列
    color c = pic.get(int(x), y);     //获取当前像素的颜色
    float bright = brightness(c);     //获取当前像素的亮度
      //根据亮度映射文本大小
    float txtSize = map(bright, 60, 255, space * 1.8, space * 0.1);
    char ch = txt.charAt(index);      //获取当前字符

    textSize(txtSize);                //设置文本大小
    float wd = textWidth(ch);         //获取当前字符的宽度
```

```
      text(ch, x, y);                    //在指定位置显示字符
      index++;                           //增加索引
    if (index == txt.length())
      index = 0;
    x += wd;                             //移动 x 坐标到下一个字符的位置
  }
}

 save("text portrait.jpg");              //保存生成的文本肖像为.jpg 文件
}
```

运行结果如图 10-7 所示。

图 10-7　例 10-7 运行结果

在使用这段代码前,读者需要确保 Processing 项目的 data 文件夹中包含将要使用的文本文件和图片文件,并且在代码中正确输入文件的名称。此外,这段代码使用了亮度信息来确定文本的大小,亮度较高的地方文本较小,亮度较低的地方文本较大,这样可以在文本肖像中模拟出图片的亮度信息。最后,这段代码将生成的文本肖像保存为.jpg 文件,读者可

以在此 Processing 项目的文件夹中找到它。

练习 10.1：

彩色文本效果。创建一个程序，随机选择一组颜色，并将输入的字符串显示为彩色文本。每个字符应使用不同的颜色。

要求：

（1）创建一个输入框，允许用户输入字符串。

（2）将字符串的每个字符显示为不同的随机颜色。

练习 10.2：

字符动画。通过 Processing 官网 Arraylist，网址详见前言中的二维码，学习 ArrayList 类的使用，并创建一个程序，使字符串中的每个字符从屏幕顶部掉下来，并在到达底部时消失。

参 考 文 献

[1] Daniel S.代码本色：用编程模拟自然系统[M].北京：人民邮电出版社,2014.
[2] Daniel S. Learning Processing：A Beginner's Guide to Programming Images，Animation，and Interaction[M]. Morgan Kaufmann Publishers,2015.
[3] Stuart R,Marty S. Building Java Programs：A Back to Basics Approach[M]. Pearson,2019.
[4] 华好.生成艺术：Processing 视觉创意入门[M].北京：电子工业出版社,2021.
[5] 明日科技.Java 从入门到精通[M].7 版.北京：清华大学出版社,2023.